天下文化
BELIEVE IN READING

財經企管 BCB800

Smart Brevity

聰明簡潔的溝通

200 字寫重點，26 秒贏得注意力

吉姆・范德海 Jim VandeHei
麥克・艾倫 Mike Allen
羅伊・史瓦茲 Roy Schwartz ——— 著

周宜芳 ——— 譯

各界推薦

《曼報》創立以來我已寫超過 70 萬字，而貫穿這 70 萬字的核心精神正是「聰明簡潔」（Smart Brevity），盡可能讓每一字一句都清楚、易讀且有分量。

我認為「聰明簡潔」不只是一種美學與專業上的追求，更是與資訊接收者之間建立信任的關鍵，因為它意味著尊重每個人有限的時間與注意力。

AI時代下人們將面臨更大量的內容，注意力將被進一步瓜分，此時「聰明簡潔」將是個更為重要且有價的觀念，值得每個人即刻展開練習。

— Manny Li
《曼報》創辦人

這本書最常看到的一句話就是「為什麼重要」，不只在每一個觀點都會提到，甚至還用了一整個章節來談這件事。是啊！我們都有些觀點想說、想表達，但是先想想對其它人來說「為什麼重要」，再從本書學到更簡明、更有效的溝通。相信這一定會讓我們的文字跟表達，在別人前面變得更重要！

對了，這本書的編排精美，重點清楚、寫作簡潔又有趣，真是讓我喜歡到一定要向您推薦啊！

—— 王永福（福哥）

頂尖企業簡報與教學教練

《上台的技術》與《教學的技術》作者

這本書是數位時代的寫作聖經。

—— 亞麗安娜・赫芬登（Arianna Huffington）

Thrive 創辦人與執行長

歷史上，最卓越的領導者通常是最高竿的溝通者。吉姆、麥克和羅伊為政策制定者、商業領袖和其他許多人建構一張路線圖，徹底重新思考如何用清楚、精煉和吸引人的方式做溝通。

—— 傑米・戴蒙（Jamie Dimon）

摩根大通董事長兼執行長

精采之作！想要有效溝通的人，本書是完美的讀物。我喜歡這本具體、出奇實用的指南。唯有直接切入重點，才能從關係裡得到價值。

——米卡‧布里辛斯基（Mika Brzezinski）
MSNBC 節目 Morning Joe 共同主持人
Know Your Value 創辦人

直接說重點，《聰明簡潔的溝通》是有效溝通的必要工具，能讓每個人的聲音被聽見。

——伊凡‧史畢格（Evan Spiegel）
Snap 執行長

《聰明簡潔的溝通》這本巧妙、簡潔的書能讓你成為更犀利的溝通者與更優秀的領導者。對於想要精進溝通、提振效率，為公司創造最佳文化的每一個人來說，本書是必要讀物。

——托里‧伯奇（Tory Burch）
Tory Burch LLC 執行董事長兼創意長

Axios 的創辦人再一次證明他們是溝通的權威：他們教我們怎麼寫作、說話、領導才能產生共鳴，並節省我們最寶貴的資源：時間。

——莉莎‧奧斯朋‧蘿絲（Lisa Osborne Ross）
愛德曼（Edelman）美國地區執行長

Contents

各界推薦 002

導論　文字的迷霧 009

Part 1　什麼是聰明簡潔溝通法？

01　簡短，絕非淺薄 019

02　什麼是聰明簡潔溝通法 027

03　聰明簡潔之路 043

04　讀者至上 051

Part 2　如何做到？

05　值得 065

06　搶眼 073

07　一件大事 081

08　為什麼重要　089

09　了解更多　097

10　正確的用字　105

11　表情符號　113

聰明簡潔的溝通

Part 3 **採取行動：實踐篇**

12	麥克的祕笈	121
13	電子報的藝術	129
14	提高你的辦公室聲量	137
15	聰明簡潔的電子郵件	145
16	聰明簡潔的會議	155
17	聰明簡潔的演說	163
18	聰明簡潔的簡報	173
19	聰明簡潔的社群媒體	179
20	聰明簡潔的視覺設計	189
21	企業經營的聰明簡潔之道	195
22	溝通，多元共融	205
23	重點總整理	213
24	試駕上路	223
	謝辭	226

文字的迷霧

聰明指數

| 2003 字 | 5 分鐘 |

我們吐出的文字，數量之大、地方之多、速度之快，都是人類史上前所未見。

為什麼重要：這個耗神燒腦的新現象塞爆我們的收件匣、癱瘓我們的辦公室、堵塞我們的心智，也開啟我們的靈感，讓我們創造出「聰明簡潔溝通法」（Smart Brevity）這種溝通方式……還寫出這本書。

說真的：你是文字的囚徒。你書寫文字、閱讀文字、聆聽文字。

- Slack傳來的文字、電郵寄出的文字、推特推送的文字、簡訊的文字，備忘紙條的文字。文字、文字、文字。
- 我們每天都在聆聽、審視、閱讀文字，眼睛盯著小小的螢幕，不斷追逐更多文字。

這些文字把我們的心智榨到虛脫。我們每天都能看到與感受到它們的存在。我們的注意力變得愈來愈零碎，我們感覺煩躁、應接不暇。我們滑動螢幕，瀏覽、點擊、轉發分享。

- 眼動追蹤（eye tracking）研究顯示，我們平均花26秒閱讀一篇內容。
- 我們點擊網頁，頁面停留時間大部分不到15秒。以下是另一項瘋狂的統計資料：研究發現，我們的大腦17毫

秒就判斷我們是否喜歡剛剛點閱的內容。不喜歡，就關掉。

- 我們分享的報導，大部分沒有讀就轉發出去。

然後，我們等待，在坐立難安中追求立即的滿足，或者只要**更多**——笑臉、挑釁、話題、連結、按讚、分享、轉推、限時訊息。這種追求讓我們更難專注、更忍不住要查看手機，也更難深度閱讀、記住事情、注意什麼才是重要的事。

- 我們每天至少查看手機超過344次，也就是每4分鐘看一次。行為研究顯示（我們自己的「唬爛雷達」也知道），我們低報我們真正的使用強度。
- 所有螢幕上跳出來的東西，我們幾乎都會掃視，但不是閱讀。
- 我們多半在餵養一種渴望——渴望由更多簡訊、推特、搜尋、熱門話題、閒談、影片、貼文所激發的多巴胺快感。

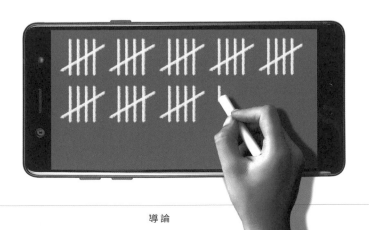

科學與數據怎麼說：其實沒有什麼證據顯示這種行為會改造成人的大腦，倒是我們一向就很容易分心，現在只不過是因為讓人分心的事物無時無刻在暴增，把我們搞得暈頭轉向。

- 這件事同時擊中兩個人性弱點：大部分人都不擅長一心多用，而一旦我們的注意力被拉走，就得費一番工夫才能再專注。在分心之後，大部分人要花20分鐘以上才能回到全神貫注的狀態。
- 難怪，在混亂事件不斷擴展的情況下，舊式的溝通方法無法收效。

擴大視野：我們清醒時，大部分時間都淹沒在雜訊和廢話裡。我們睡覺時，一點點動靜就讓我們輾轉難眠。這是現代人心智的瘋狂現象。

文字迷霧愈來愈濃重，根本原因有兩個：一是科技，二是我們改不過來的壞習慣。

1.網路和智慧型手機讓心智閘門大開，讓每個人可以大量、免費、立刻、隨時談論和看到一切。每個人都可以使用臉書、Google、推特、Snapchat、抖音。而且我們不只使用，還濫用。

我們可以分享我們的每一個想法。驕傲或不爽時就貼文。有疑惑就請教 Google。無論什麼時候，無論何種主題，都可以找支影片來看。

2. 但是，我們繼續用1980年的方式寫電子郵件、信件、短箋、文件、報導和書籍。想想看：我們知道每個人的時間變少、選擇變多，還有無止盡的干擾，然而我們卻繼續吐出同樣多的文字，甚至更多的文字。我們用人類世世代代沿用至今的方式寫作。

這不是新現象。1871年，馬克吐溫（Mark Twain）在給朋友的信裡坦白寫道：「我沒有時間為你寫一封短箋，所以只好寫一封長信給你。」

- 每一個人都是這樣。我們想要藉著耽溺於文字來裝腔作勢，或是賣弄我們的小聰明。我們在工作、個人電子郵件或是在專業媒體都看到這種現象。
- 我們被灌輸的觀念是，文章的長度等於深度和重要性。老師出作文作業是以字數或頁數為單位。長篇幅的雜誌報導，內容想必是正經八百。書愈厚，作者愈聰明。
- 科技把這種對長度的執迷，從一種小毛病變成一種冥頑不靈、消耗時間的缺陷。

結果就是我們浪費掉數十億個文字：

- 大約有三分之一需要被關注的工作電子郵件未讀。
- 大多數新聞報導裡的大部分文字沒有人看。
- 大部分書籍裡的大部分章節沒人翻閱。

　　在美國每一間辦公室裡這幾乎都是最嚴重的問題。無論你是在蘋果工作，還是在一家小型企業或新創公司任職，要讓人們專注於最重要的事物，從來沒有這麼困難過。

- 拜COVID-19之賜，「隨處工作」成為事實，溝通也因此成為每家公司、每位領導者、每個明日之星、每個不眠不休的工作者最大也最關鍵的弱點。
- 這個問題將對所有組織產生極大影響，因為在一個分崩離析的世界裡，充滿活力的文化、明確的策略以及敏捷的執行都有賴穩健的溝通。
- Slack的執行長史都華‧巴特菲爾德（Stewart Butterfield）告訴我們，假設有一家公司有1萬名員工、薪資支出達

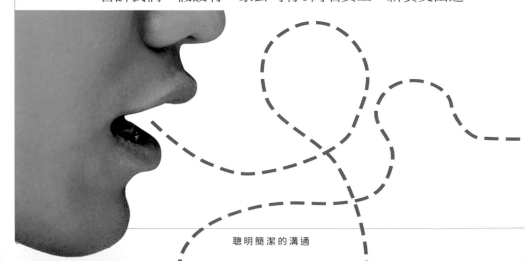

10億美元，員工平均有50％到60％的時間都花在溝通或類似的活動。然而，沒有人提供員工工具和訓練，以培養優良的溝通能力。

結論：這是所有人都該正視的嚴峻挑戰：在混亂中，你該如何讓人關注那些重要的事？

我們的答案：順應人們消化內容的方式行動，而不是用你**希望**他們採用的方式，或是他們曾經採用的方式。然後，改變溝通方式，立刻改變。運用聰明簡潔溝通法，你就能迅速改變。

對你的好處：你會學到如何穿透雜訊，讓你認為最重要的事物被聽到，並讓你最重要的想法贏得認可。你會發現，這種思考和溝通的新方式不但暢快、具感染力，還可以傳授給別人。

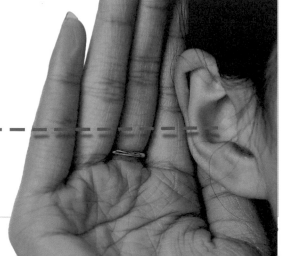

Part 1

什麼是
聰明簡潔溝通法？

1

簡短
絕非淺薄

聰明指數

| 1845
字 | 4 ½
分鐘 |

一張沾著午餐食物漬痕的餐巾紙，掛在我們新創公司 Axios 在維尼吉亞州阿靈頓市的新聞編輯室牆上，上面寫著：「簡潔帶來自信，冗長讓人恐懼。」

為什麼重要：我們經營媒體公司，以文字為生，靠文字賺錢，產出文字給最具影響力、最挑剔的讀者閱讀，這些人包括執行長、政治領袖、經理人、嗜新聞成癮的好奇狂。

- 然而，我們消解文字迷霧的辦法卻是勸大家減少文字的產出和吸收，而且是**大幅減少**。

我們稱這是「聰明簡潔溝通法」。這是一套系統和策略，可以讓你思考更敏銳、溝通更明快，並為自己和他人節省時間。「聰明簡潔溝通法」能指引你用更少文字表達更多東西，而那正是它最強大的力量。

- 拜網際網路之賜，我們消化資訊的方式已經改頭換面，但是我們現在寫作和溝通的方式卻沒有什麼改變，所以人們才會分心、被資訊淹沒。

針對這個問題，聰明簡潔溝通法能直指病灶，對症下藥。本書會告訴你，如何運用有力的字彙、簡短的句子、吸睛的引言、簡明的視覺圖像、編排巧妙的構想，把不起眼的文字變得重要，而且讓人過目難忘。

- 我們會用數據、權威人士的閱讀習慣、現代數位與現代職場趨勢，還有我們自己的職涯歷程告訴你，更簡短、更聰明、更簡單的溝通有哪些令人驚奇的好處。
- 我們會教你一些基礎策略，這些策略幫助我們創立兩家公司（Axios 和 Politico）、成為一流的美國新聞從業人員，並成為更出色的領導者以及更好的人。
- 在這本書裡，我們會和你分享有趣且具啟發性的故事，以營造輕鬆的氣氛，並讓你知道，你也可以在工作和生活裡應用聰明簡潔溝通法。

雖然我們三個人經營媒體公司，不過這不是寫給新聞記者看的書，我們寫這本書是為了幫助每一個人培養能力。

- 如果你是學生，聰明簡潔溝通法能讓你的書面與口語報告更引人入勝。
- 如果你從事銷售工作，聰明簡潔溝通法能讓你的報告更切中要點，並幫助你贏得生意。
- 如果你經營一個組織，不論經營的是一家公司、一座城市、一間大學或非營利機構，聰明簡潔溝通法都能讓你的訊息清楚、易記，藉此凝聚、鼓舞每一個人。
- 無論你是主管、教師或鄰里長，只要你想對他人傳達重要資訊，本書會告訴你成功被大眾傾聽的祕密。

結論：如果大家不理解你在說什麼，或是在你說話時放空，你就無法讓大家支持你的策略或觀念。

- 用舊方法溝通，幾乎沒有人會聽。
- 我們會示範給你看，如何重新建構你的思考方式。然後，你的寫作就會清楚明白，脫穎而出。

以更少 創更多

我們知道，你可能對聰明簡潔溝通法有些質疑。

- 大部分人一開始都是如此。其實我們也是。Axios的三位創辦人都曾靠著幫老闆舞文弄墨討生活，而且過得還不錯。

　　吉姆的太太阿秋（Autumn）討厭這本書的觀念。吉姆的兒子看他用iPhone敲打出一章又一章的文字，也覺得半信半疑。阿秋是一個文字愛好者—— 一個學者，一個飢渴的讀者。我們這樣對她說：

- 我們不是主張一般人沒有時間接受語言文字的薰陶，例如沉浸於小說、詩、情書，或是閒話家常。
- 你還是應該窩在沙發裡讀《大西洋》雜誌（The Atlantic）、細細品味一本好書、欣賞《教父》（The Godfather）電影。

　　我們也不主張寫作要為了簡短而簡短—— 你該做的是用直接、內容有幫助、節省閱讀時間的文字，讓你的寫作更有靈魂、更切題。不要省略重要事實或細膩處，不要過度簡化，也不要流俗。我們這樣告訴我們的記者：「簡短，絕非淺薄。」

深度思考：我們的主張如下：如果你希望重要資訊能在數位世界裡被牢記不忘，你需要徹底重新構思（還有重新包裝）傳遞資訊的方式。

- 就從接受一個事實開始：大部分人只會掃視或跳過大部分你傳達的內容，因此，你的字字句句都要擲地有聲。
- 用**更少**時間分享**更多**價值。
- 把讀者擺在第一位。忙碌的大眾給你他們的寶貴時間，他們對此抱有期待。他們通常只想知道發生什麼新鮮事，還有「為什麼重要」。請滿足他們的期待。
- 改變打動讀者的方法與風格。現在就改變。

只要你改變，就會看到迅速而明顯的成效。

- 聰明簡潔溝通法能提升工作的效率和效能，讓你成為更有力的溝通者，使你在社群媒體上更活躍、讓人留下更深刻的印象。你的聲音和文字會比過去更突出，得到空前的迴響。
- 它會迫使你重新思考日常生活裡其他浪費時間的面向，在你分享想法、觀念、最新動態和消息時，把閱聽觀眾放在你的自我和壞習慣之前。
- 最大的受惠者是你想要打動的那群人。無論你身在辦公室、學校、教會或大學宿舍，聰明簡潔溝通法能為執行長和經理人省下無數時間，讓全公司上下為他們的使命同心協力、釋放創意，並清楚指出什麼是最重要的事。

關鍵重點：當你的表達簡潔有力、清楚明瞭，你會迅速從中找到全新的自信，並發現別人正在傾聽並記住你最突出的觀點（很可能也會轉發分享）。人們會再次聽到你說的話。

什麼是
聰明簡潔溝通法

聰明指數

4394	11
字	分鐘

在這個紛亂、嘈雜的數位世界裡，聰明簡潔溝通法是創造、分享、消化資訊的新方式。

為什麼重要：掌握「聰明」與「簡潔」這兩門功夫，就能讓思緒更敏捷、節省時間並穿透噪音。

- 大部分人都是先構思他們想要說什麼，然後用含糊不清的文字、長篇大論的告誡以及漫無重點的離題話，掩蓋掉他們想要說的東西。在這種狀況下，簡潔淪為犧牲品。

擴大視野：想想看，當你坐進酒館喝幾杯啤酒，或是和朋友喝杯咖啡聊聊近況時，你會怎麼吸收資訊，或解釋某個內涵豐富的主題。

- 人們想要知道新鮮、有啟發性、令人興奮的事。他們希望你能交代事情的來龍去脈，並解釋這件事「為什麼重要」。然後，他們憑著視覺或語言線索，決定是否要「深入」對話。
- 如果這些聽起來符合事實，請自問：為什麼我們寫信、文章、電子郵件、便條或推文時，卻是反其道而行？我們講話不著邊際、只想到自己。我們言語沉悶無味、東拉西扯。我們讓人打哈欠、變成別人的負擔。
- 我們的演化之旅半路出了錯，把我們每個人都變成口袋

裡有幾個花俏詞彙、講起話來喋喋不休的吹牛大王。下筆時，我們的語調變得生硬，我們的思慮混淆不清，我們的可信度蕩然無存。

鐵錚錚的事實：大部分人都是拙劣的寫作者、腦袋一團漿糊的思考者。

- 我們都有過這種感覺：有個妙點子或想法讓我們拍案叫絕，可能是策略轉型、與朋友聯絡的方式，或是爭取重要工作的報告。於是，我們把它寫下來，結果它看起來像是……一大坨爛泥巴。可是，同樣一件事，別人一開口卻是……精采絕倫。我們覺得自己是失敗者。

你可以把聰明簡潔溝通法想成一件緊身衣，套在你溝通時最糟糕的直覺或習慣上。你可以用它來清理、架構你的思考，然後鏗鏘有力地傳達出去。

- 學會聰明簡潔溝通法，每當你有事情要表達，就不必每一次都要從零開始構思。相反地，你將擁有一個可以重複使用的結構，確保你聽起來是全場最聰明、最有條理的人。

這個經過多年淬鍊而臻於完美的訣竅，幫助 Axios 躋身全美閱讀量最大、獲利最高的媒體之一。但是，更重要且與

你切身相關的是，它已經開始改變美國最創新的公司與思想家對內、對外的一對多溝通方式。

- **有趣的小故事**：Axios開始營運幾年後，從NBA到大型航空公司、非營利組織的高階經理人都來問我們類似的事：「我們老闆在讀Axios，而且很喜歡聰明簡潔溝通法的格式。有沒有辦法能讓我們也像你們那樣溝通？」
- **我們的第一個反應**：我們是媒體公司，不是寫作老師。

但是，打來的電話愈來愈多，從幾通到數十通。於是，我們做了所有優秀記者都會做的事：調查。我們想知道，為什麼全世界一些最厲害的公司會對溝通如此困擾，還要打電話向我們這樣的媒體公司求助。

- 原來，米特・羅姆尼（Mitt Romney）在成為共和黨總統提名候選人時說的話（多少）是對的：「企業也是人。」它們也像我們所有人一樣，困在大量的文字裡動彈不得。只不過它們接觸到的文字量規模大得多。

公司也淹沒在文字、電子郵件和訊息裡，完全不清楚誰在讀什麼，又是為什麼讀。難怪一項又一項研究發現，員工感到茫然、孤立、困惑。

什麼都看的人，什麼都不會記得。

風格的誕生

大衛‧羅傑斯（David Rogers）是《華爾街日報》的常青樹、我們這一代最偉大的國會記者，而他正是聰明簡潔溝通法之父。

2000年代初，大衛是吉姆的導師，也是個以冷硬、不留情面出了名的狠角色。吉姆身為《華爾街日報》新進記者，自比是惠特曼再世（譯注：Walt Whitman，1819-1892。美國著名詩人、散文家、新聞工作者），寫了一篇1200字華麗優美、長篇大論的散文。他把文章拿給大衛看。大衛說：「一堆廢話」。然後他把文章印出來，隨手抓一支鉛筆，將文章結構修改成能打動讀者的形式。他勾勒出一句簡短、直接的句子做為開場，刪掉文中多餘的文字，要求吉姆寫出值得一讀的要點或摘錄內容，然後再加上一個段落交代前因後果。

多年後，他的修改啟發了聰明簡潔溝通法的架構。

聰明簡潔溝通法的四個核心

以書寫格式來說，聰明簡潔溝通法主要包含四個部分，每個部分都很容易學習和應用，還可以教導別人。這四個核心不適用於所有情況，但能幫助你開始思考你所需要做出的改變。

❶ 強大的「引子」(tease)

　無論是寫推文、新聞標題或電郵主旨，你需要六個有力的字（或者更少），把讀者的注意力從 Tinder 或 TikTok 上搶過來。

❷ 有力的開場，也就是「導言」(lede)

　開場白應該要最令人難忘——告訴我一件我不知道、想知道、應該知道的事。這句話要盡量直接、簡短、犀利。

① 強大的「引子」(tease)

② 有力的開場，也就是「導言」
　　(lede)

❸ 背景脈絡，也就是「為什麼重要」

我們都在裝模作樣，麥克和我從訪談《財星》五百大企業執行長時了解到這點。我們真正專精的領域很少，我們都因為覺得丟臉或害怕而不敢發問，但是我們幾乎總是需要對方說明，你提出的新事實、構想或觀念為什麼重要？

❹ 給讀者選擇，讓他們可以「了解更多」

不要強迫別人接收過多資訊，讓他們自己決定。如果他們決定「要接收資訊」，接下來的內容應該要讓他們覺得值得花時間閱讀。

然後，不管你要說什麼，都要試著在手機的一頁畫面中完成以上所有事項。你瞧……這就是聰明簡潔溝通法。

背景脈絡，也就是「為什麼重要」

必要時，在文章結尾提供讀者一個可以「了解更多」的選擇。

　　所以，我們從撰寫數十萬篇報導的過程中吸取所有經驗教訓，並創造一套由人工智慧驅動的工具，幫助大家做到聰明簡潔溝通。

- 這項科技名叫「Axios HQ」，它有助於把聰明簡潔溝通法教給任何一個尋求大幅提升寫作與溝通能力的人。
- 這套工具已經幫助數百個大型組織（如NFL）、大型企業（如Roku）、政治人物（如德州奧斯汀市長）、學校體系和不動產經紀人改變他們與員工、選民、買方建立關係的方式。當他們運用Axios HQ，通常會看到互動情形增加兩到三倍，因此我們會在全書中分享幾個案例，幫助你把這項工具付諸實踐（更多資訊，請造訪SmartBrevity.com）。

聰明爵士

本書中，你會發現，我們偶爾會偏離聰明簡潔溝通法的公式。

為什麼重要：四個核心是護欄，不是僵硬死板、絕不能打破的鐵則。

如果你奉行聰明簡潔溝通法，你的溝通會立刻變得令人難忘且有力。但你的目標是告知、吸引、激發特定閱聽觀眾。就像人與人之間的對話不一定會按照相同的動線進行，有時候你也會在話說到精采處之前，先鋪個梗挑起好奇心 —— 也就是「為什麼重要」。

· 有無數事物在爭搶閱聽觀眾的注意力，對他們來說，黃金標準永遠是最好的，也就是最清楚、最有效率的結構。

🎷**結論**：聰明簡潔溝通法就像音樂理論，它為你帶來邏輯和優雅，但這座壯觀富麗的建築還是有空間給……即興的爵士樂。🎷

CIA 發出聰明簡潔溝通法追緝令

美國中情局（CIA）面臨一道難題。

局裡的分析師坐擁全世界一些最有意思的情資，但是，他們當中有許多人都把最重要的新事實或威脅隱藏在文字迷霧裡。

在川普政府執政期間，CIA 發現它「第一顧客」的專注力和跳蚤差不多。

CIA 身為祕密機構，撰稿人員多到足以坐滿一座劇場——這是麥克在 2019 年親自發現的。他應邀演說，對這群人談論他最喜歡運用哪些技巧從一堆資料裡爬梳出真正有意思的事情。

- 他的訣竅（每一次都管用）：請資料的提供者告訴你，資料裡最有意思的事情是什麼。他們是真正**知情**的內行人，而且他們也會告訴你。
- 但是，如果你要求他們寫一份報告來回答這個問題，他們反而會把答案藏在文字裡，或更可能乾脆不寫出來。

CIA 彙整「總統每日簡報」（President's Daily Brief, PDB）這份終極通訊，作為總統辦公室每日情資簡報大綱。過去曾擔任 PDB 撰稿人員的菲利浦・杜弗蘭（Philip Dufresne）現在任職於 Axios，工作是把聰明簡潔溝通法應用在實務上。以下是一封假想的 CIA 備忘錄，而杜弗蘭會這樣改寫：

改寫前	改寫後
一則關於阿富汗情勢的警示，CIA可能會這樣寫：	同樣的見解，聰明簡潔溝通法會這樣處理：
ANSF*瀕臨崩潰，威脅層級升高（Afghan National Security Forces，阿富汗國家部隊）	**警告：** 　　塔利班興起
根據［情資來源］，阿富汗政府和安全官員正在討論撤退計畫，顯示該地區大部分ANSF對於即將來臨的攻擊並沒有規畫任何有組織的抵抗。我們預期組織活動與暴力層級應該會升高。	塔利班激進份子一直處於沉寂狀態，但我們在喀布爾的消息來源偵測到軍隊和彈藥移動，顯示緊繃情勢很快會升高為暴力衝突。
我們在該地區的消息來源報告，塔利班一夜之間奪取了三座城市，在喀布爾周圍設立路障，現在他們威脅將在數天之內控制首都，風險等級因而升高。這項情資的可靠度極高。	**為什麼重要：** 喀布爾的美國公民需提高警覺，美國訓練的阿富汗軍隊必須做好終止演習並開始戰鬥的準備。威脅層級：升高。

範例 # 1

引子

改寫前	改寫後
嗨，關於生日派對，週末有新計畫要討論	🎉 新計畫：蹦床公園

導言

改寫前	改寫後
很抱歉這麼晚才改計畫，因為籌備吉米的派對時遇到太多混亂狀況，尤其是過去這一週的天氣。好消息是我們找到一個可以帶所有孩子去的地方，那就是新的蹦床公園。時間是週六中午。	我們要把吉米的派對改到這個週六中午在新的蹦床公園舉行。

為什麼重要

改寫前	改寫後
唯一一個小問題就是這個地點比我們原先規畫的遠一些。我們本來找的是大約30分鐘車程遠的地方，但蹦床公園的空間大很多，所以雖然它大約需要40分鐘車程，我們還是選擇它。各位在規畫當日行程時請特別留意這一點。	那裡車程大約40分鐘，因此可能要比我們原先設想的再早一點出門。

了解更多

改寫前	改寫後
地點位於威爾森街1100號，就在我們之前去過的那間軟殼蟹花捲很棒的壽司餐廳旁邊。哈哈。派對中午開始，我們會在下午4點結束。家長可以留下，也可以離開，我們有指導員，也會提供午餐和飲料。我會待在現場看書或操心。孩子們要穿好衣服才能玩！短褲和短袖上衣，噢，一定要穿襪子……週六見，再次抱歉。	· 請在中午抵達威爾森街1100號。 · 現場提供披薩和飲料。 · 接小孩的時間是4點。 · 穿著適合玩耍的衣物。**務必**穿襪子。

範例 # 2

引子

改寫前	改寫後
董事會最新消息	董事會為我們「歡呼！」

導言

改寫前	改寫後
在最近一次的董事會議上，也就是週三時，我們提出的市場銷售計畫進度報告，包括產品銷售在前一季試賣的強勁表現。我們的報告讓董事會刮目相看，報告指出前一季的營收躍增12%，這使我們下半年的整體目標達成率站上90%，表現優異。	週三，我們讓董事會刮目相看：第三季營收躍增12%，以及下半年目標達成率90%。

為什麼重要

改寫前	改寫後
強勁的產品銷售力道讓我們可以增加投資，在科技與行銷領域把握關鍵的早期成長機會。我們會更新下半年的計畫，納入對科技團隊的重大投資，特別是機器學習小組、行銷，還有支援研擬新說帖和定位的艾娃團隊，另外我們也會重金投資於一些令人興奮的新合作案，針對我們內部沒有能力、但是在策略上需要擴增專業的領域，與相關公司合作。	營收增加表示我們可以投資於兩個領域，讓我們進入市場的速度加快好幾個月。 · 雇用新人：我們可以在科技和行銷團隊增加重要的機器學習職務。 · 合作夥伴：我們會敲定兩個合作案，以擴增我們的能力和策略思考。

了解更多

改寫前	改寫後
如果你還沒有看過艾娃的新說帖和定位文件，我們鼓勵每個人都要看一下。新的重點詳述焦點團體進行的許多測試，並反映我們目前的最佳主張，說明我們的解決方案為什麼是業界最佳選擇。	我們的產品會說話，但是把產品送到顧客手中的是艾娃的新說帖：它歷經長達三週的焦點團體測試。 · 請上內網檢視艾娃準備的資料。

聰明簡潔之路

聰明指數

| 2586
字 | 6½
分鐘 |

坦白從寬：一開始，我們三個人在做到聰明簡潔的溝通這件事上表現得很糟。

為什麼重要：我們為聰明簡潔溝通吃足苦頭，你或許也是這樣。但是我們在旅程中發現自己迫切需要它，而且當你改造說話、傳訊息、工作和思考的方式，就有機會成功。

講古時間：記者是聰明簡潔溝通的頭號叛徒，我們用字數衡量自身價值出了名。字數愈多，我們愈陶醉。

麥克和吉姆曾經在《華盛頓郵報》、《華爾街日報》、《時代》雜誌擔任白宮記者，前後寫下數十萬字的報導，也因此累積名聲。我們訪問過總統、搭過空軍一號飛行、在電視上誇誇其談。

・只要老闆找到**值得**報導的題目，我們可以一下筆就是幾千個字，我們為此得意不已。我們從來不曾停下來問：有人會讀這些文章嗎？有人**應該**讀這些文章嗎？

然後，網路出現了。要命，這真是一記當頭棒喝。網路提供報紙不曾提供的資訊：與誰在閱讀什麼內容相關的真實數據。這些數據用一種滑稽的方式挫你的銳氣。它讓我們無所遁形，在事實面前，我們什麼也藏不住：我們**大部分**的

第一個字

尼古拉斯・莊士敦（Nicholas Johnston）在彭博（Bloomberg）經營自己的簡潔溝通工廠，為他們脈動快速的新聞服務「第一個字」（First Word）建立華盛頓辦事處。這項服務為華爾街交易員和華府內部人士提供簡短且資訊密集的新聞報導、要點、快速分析和背景資料。

- 這項新聞服務在紐約和華府的高收入讀者群中大受歡迎，這群讀者只想讀他們需要知道的東西，不需要充斥於一般新聞報導中虛浮花稍的文字和背景資訊。
- 尼古拉斯喜歡講這個故事（可能是杜撰的）：當前民主黨魁哈利・雷德（Harry Reid）參議員宣布退休時，他如何指導旗下一名記者寫這則報導——尼古拉斯說，「我不在乎報導的第八個字是什麼，只要前七個字是『雷德不尋求連任』（Reid Won't Seek Reelection）就好。」

他要傳達的觀念是，忙碌、信息量龐大的彭博讀者不需要關於雷德的成長歷程、他支持哪些議案、在法學院求學時曾擔任國會警察等無關緊要的內容。那些資訊他們全都已經知道，而且可能還是從雷德本人那裡得知的。他們只要知道他即將退休，還有我們是否知道誰要接替他，而這可能是第八個字。

尼古拉斯從彭博跳槽到我們的新聞室，很快成為我們妙語如珠的宣揚者，在我們牆上寫下像是「要有勇氣把手從鍵盤上拿開」、「字數太多傷眼睛」等口號。

文字，幾乎沒有人讀。我們把報紙版面填滿，但我們填補的空白其實是黑洞，把我們的時間和精神吸乾，也把你的時間和精神吸乾。

- 大部分人會讀我們的標題，有些人會讀開頭的幾段話。但是，整篇讀完的人通常只有朋友和家人。很慚愧嗎？那當然。這就好像知名歌手發現沒有人在聽他的歌。

羅伊在顧問界也有相同的經歷。他幫忙製作長篇大論、但是很少人看的簡報和策略報告。他不禁要想，他在攻讀 MBA 學位時，為什麼不曾有人教他如何溝通或寫作以節省人們的時間。等到他展開職涯，他就只能有樣學樣，其他人怎麼做，他就跟著做。我們都是盲目從眾的人。

擴大視野： 網路開啟一個充滿機會的世界。網路改變一切，而且變動速度比我們的心智還要快。

- 因為網路，麥克和吉姆分別離開《時代》雜誌和《華盛頓郵報》，創辦 Politico。吉姆還記得《華盛頓郵報》當時的老闆、傳奇辦報人唐恩・葛蘭姆（Don Graham）把吉姆拉進他的辦公室，用他那短促的聲音警告吉姆：「你會犯下一個天、大、的錯誤。」我們的想法不同。我們不需要讓我們嗜字過度的報紙或大型機構。我們可以自己來。

- 我們創辦一家大型數位媒體新創公司，一家生產更多文字的新工廠。吉姆的太太為它取了一個完美的名字：Politico。我們連結網路與有線電視，還有大眾對政治永遠填不飽的胃口，然後就這麼水到渠成。
- 從大部分的指標來看，Politico都非常成功。我們共同主持總統辯論會、雇用數百名人員，並改變人們閱讀、思考政治的方式。曾在全球調查與顧問公司蓋洛普工作的羅伊加入我們，把我們的新創事業從熱鬧的小車庫樂團變成真正的事業。

　　一個重大時刻把我們三個人變成簡潔溝通法的虔誠信徒，讓我們離開親手建立的Politico，再創辦一家新創公司，那就是Axios。

- 麥克和吉姆在Politico捷報連連，撰寫關於歐巴馬總統的1600字專欄，在暢銷書《這個小鎮》中備受推崇。這些文字是「談資」，是點亮有線電視和社群媒體的報導。有些文章有將近一百萬人「閱讀」。
- 我們自鳴得意，還有一股強烈的滿足感，直到數據讓我們知道自己有幾兩重。
- 當時，讀者必須點擊每一頁下方頁碼處才能翻頁。結果我們發現，原來有大約80％的讀者都只讀到第一頁就停

下來,這表示在那些讓我們自負不已的文字中,他們最多只讀了490個字。但這些可是許多政治人物與媒體都在談論的報導。

- 我們向其他出版機構和Facebook等組織打聽,想了解他們的數據是否也相仿。果然一樣。我們發現,不管是一般讀者、政治家或執行長都一樣,大部分人都只讀報導的標題和幾段內容。

大約此時,我們三人在內部成功爭取到創立Politico Pro的機會,這是一項新聞訂閱服務,向企業與遊說人士收取數萬美元費用,提供農業或醫療照護政策等專題報導。

- 我們開始量產長篇報導,也發布大量短篇資訊(通常只有200字,以電子報或快訊的形式發布)。財星五百大企業樂意為這項服務支付高額費用。我們的業務蓬勃發展。
- 幾年後,我們做了讀者調查(有些讀者一年掏出超過10萬美元購買這項服務)。我們問這些需要深入、細膩資訊來完成他們工作的讀者,什麼新聞對他們最有價值,表示長篇報導最重要的人大約只占5%。

更大的視野:這一刻有如當頭棒喝,我們的人生自此丕變,一切都回不去了。就連全世界最挑剔、閱讀需求最高的

讀者都聲嘶力竭地要求減少字數。這就是我們學到的教訓：
聽聽顧客和數據怎麼說，而不是聽自己腦袋裡的聲音。

　　2017年，我們離開Politico，秉持簡潔溝通的理念創辦
Axios。

- 我們研究Twitter、《紐約時報》和學術文獻，探究螢幕
  使用時間和注意力持續時間。然後我們自問：如果我們
  要建立一家媒體，根據消費者想要什麼、而不是記者或
  廣告商想要什麼來經營，那會是怎麼樣的一家媒體？
- 答案很明顯：新聞和資訊不只要聰明，還要簡潔、有效
  率。擺脫不必要的雜訊（像是自動播放影片、彈出式視
  窗廣告、冗詞贅句），按照大腦想要吸收資訊的方式寫
  作。還有，可以在智慧型手機上閱讀的新聞。
- 我們要告訴讀者新資訊，還有「為什麼重要」，給他們
  選擇「了解更多」的權力。但是，如果他們選擇只讀
  200個字而不繼續深究，我們就要讓這200個字成為讀
  者所讀過最有力、最有用的200字。

　　我們矢志停止浪費大眾的時間。我們要解救讀者脫離
文字與干擾過多的專制暴政。我們要讓他們了解什麼叫「少
就是多」，還有簡短絕非淺薄。

　　聰明簡潔溝通法於焉誕生。

讀者至上

我們公司宣言的頭幾個字（也是宣言裡最重要的四個字）對你也有幫助：讀者至上（audience first）。

為什麼重要：不管你的讀者是同事、學生、教友或朋友，如果你把他們擺在第一位，而不是把你的自我擺在第一位，你自然會減少廢話。

- 這個做法看似簡單，卻是大部分人都會踩到的紅線。我們往往過度在意我們想要說什麼，而不是別人需要聽什麼。

教宗也同意：2021年9月，教宗方濟各（Pope Francis）告訴斯洛伐克的天主教神父，把講道從40分鐘縮短為10分鐘，不然人們會失去興趣。「最高興的是修女，因為她們是我們講道的受害者，」他開玩笑說。

- 教宗做了你應該做的事：在開始進行任何溝通時，把你的目標受眾與他們需要或想要的內容放在第一位。

  想像你想要觸及的對象。如果對方是一個人，這很容易；如果是一群人，請把目標鎖定在一個特定的人、一個名字、一張臉孔、一份工作。

- 務必在開始溝通之前就做這件事。如果你想要說給每個人聽，結果通常是沒有人會聽你說。**單獨挑出你想要打動的人**，事情就會變得非常清晰。

下一件正確的事

時間是2015年末，我們三人正面臨一場苦澀、祕密的戰爭，那就是離開Politico——這個在我們手中誕生、我們的第一家新創公司。公司老闆羅伯特·歐布利頓（Robert Allbritton）讓我們的日子愁雲慘霧。我們想要狠狠地反擊。

在維吉尼亞州亞力山大市（Alexandria）的基督君王教堂（Christ the King Church），大衛·葛萊德（David Glade）牧師在講道，談到行善的困難，在台下，吉姆悶悶不樂地坐在長椅上。牧師談到他的孩子在思索，一個人在遇到各種生活中的混亂與挑戰時，如何能夠選擇做對的事，而且始終如一。

- 葛萊德牧師想將這個與存在意義有關的問題，濃縮成大家更容易消化的資訊。他給他的孩子一句智慧箴言，這句話不但引領我們離開公司，也塑造我們今天的生活方式：「你能做的就是下一件正確的事。」

想一想，這句話多麼簡單、直接又令人難忘。他大可以長篇大論、引用路加福音、加點希伯來文增添詩意，或是撂幾句魯益師（C. S. Lewis）的智慧之語，而他也可以說得更尖銳：「做下一件正確的事。」

- 葛萊德牧師做到現代溝通最重要的一課——簡短、高明、簡單、直接的言語才能深刻而長久。
- 葛萊德牧師在2021年10月給信眾的訊息裡，引用威廉·史壯克（William Strunk）《英文寫作聖經》（*Elements of Style*）的話：「簡潔的文字才有力量。一個句子不應該有多餘的字，一個段落也不應該有多餘的句子，就像一幅畫不應該有多餘的線條，一部機器不應該有多餘的零件。」

這和電視正好相反:電視網通常鎖定資訊量最少的觀眾,藉此觸及最廣大的受眾。為此,電視會簡化內容,並交代許多背景脈絡資訊。

- 不要這麼做。相反地,你要從你廣大的目標讀者群裡,想像一個聰明、忙碌、好奇的核心人物。一個有真實工作、真實需求的人。這個人應該會對你的主題有興趣,而且可能會一頭栽進來看個究竟。
- 你提供的內容有助釐清讀者已知道的事,而且可能是全新、具啟發性、讓人興奮的內容。這也會影響你如何提出論述,以及你如何向他們解釋你的內容為何重要。
- 當讀者看到並意識到你尊重他們的時間和智識,你的訊息就會得到迴響。

聰明簡潔溝通法第二個同樣重要的步驟是訊息的寫作要緊扣住目標讀者。當你理解你希望對方記得什麼,並找到明快、生動、令人難忘的表達方式,你就能真正做到聰明簡潔的溝通。

- 自己做測試:請朋友讀你剛剛寫的東西,或是讀幾段給他們聽。然後請他們告訴你,你想要傳達的**重要想法**是什麼。這會帶來打擊,但是非常有用。
- 你會因此發現,如果你有話要說,最簡單的表達方式就是……直接說出來。然後打住。只要這樣,你的朋友

就能複述你的重點，而且幾乎一字不差。

　　我們書裡的每一章都可以用「然後打住！」結束。這是許多人犯錯的地方。我們把好東西藏在一堆又一堆的文字裡。我們讓讀者推敲我們想要說什麼，而不是直接坦白說出來。不要花稍，要有效。

為什麼重要：如果你學會磨利你的想法、給它們出色的包裝、停止浪費文字跟時間，你就會成為更優秀的溝通者。

- 我們在溝通時通常都很自私。我們坐著寫字、站著說話或開機錄音，我們腦子裡想的是我們想要說什麼，而不是別人想要或應該聽什麼。你應該**翻轉**這種想法。

　　我們以道歉為例來思考這一點：

- 「我真的很抱歉我說了那些話，可是這是我當時的想法……而你之前做的事讓我不高興，我才會憤而說出那些刻薄的話……」
- 這樣說比較好：「我真的很抱歉說了那些話。」

　　看見明確的道歉意圖是如何在不必要的語言文字當中消失了嗎？

- 怯懦藏在句子裡。

在工作場所或課堂上也要記住這點。我們在給予與接受回饋時最容易掩飾、扭曲和轉移我們真實的感受。有信心直言不諱的人少之又少。人往往會在難以啟齒但必要的對話上兜圈子。

- 「你有很多優異表現，我也知道我有缺點，雖然生活艱辛又不可預測，但是我真的需要你在專案上多付出一點心力。如果你無法配合，我可能就必須把你列入績效改進計畫。」
- 這樣說比較好：「有一件事你必須迅速改進：在核心工作上多加把勁。」

或是你要簡單更新計畫時，想一想你因為想到什麼說什麼、過度為自己解釋而浪費多少言辭和時間。

- 「嗨，南西，抱歉計畫有變，這項工作和防疫規定實在把生活搞得一團亂，可是，我們必須把午餐約會改到街角那家還不錯的麵包店。我請客，因為是我一直在改計畫，特別是這個令人抓狂的夏天。」
- 這樣說比較好：「午餐必須改到街角的麵包店。我請客。」

又或者，通常最糟糕的是簡單的工作近況報告。

- 「約翰，我們在許多次會議和無止盡的討論之後，決定將週一的會議縮減到只有核心管理團隊參加。你知道，週一的會議一直讓許多人深感無力，特別是與會的人數成長得那麼快。」

誰想要費勁地閱讀這堆文字抓重點？

- 這樣寫比較好：「最新消息：週一會議縮減到只有核心管理團隊參加。」

說就對了

身為妻子、母親、執行長以及全球各地執行長顧問的莉莎·蘿絲（Lisa Ross）懇請她生活裡的每一個人：真誠而簡短地說出你的意思就對了。

為什麼重要：「我們把我們的不安全感藏在多餘的文字裡，」全球傳播公司龍頭愛德曼（Edelman）執行長蘿絲說道。「你的訊息消失了，你的誠意受到懷疑——你的能力讓我產生疑慮，因為你看起來一塌糊塗。」

- 蘿絲經營一家國際公關公司，運用 Axios HQ 和聰明簡潔溝通法在公司（以及各部門）發布策略與規畫的最新動態。這是他們讓員工和客戶得知相關資訊與最新進度的主要方式。她堅持這項原則，排除商業術語和傳達不清楚的傳統溝通方式。

例如她提到，一位執行長因為新冠疫情而面臨停工時，或許只會這樣解釋：「我們會等到員工覺得安全時再回來工作。」

然後，法務團隊出面，溝通專家介入。突然間，執行長開始囉囉嗦嗦回應個不停，聽起來就像企業政客。

蘿絲會告訴她的客戶：「你剛才已經回答過這個問題……說就對了。」

她解釋道，人們「浪費時間堆砌辭藻、鋪排情節、塑造概念，而不是直接說出自己的想法。」

　　無論你是什麼頭銜、在哪個產業，蘿絲的建議都能讓你成為更優秀的溝通者或領導者。「人們想要直接、清楚、誠實的溝通。如果你想要帶風向或瞎掰胡扯，恕不奉陪。」

　　蘿絲說，藏在COVID背後的祝福就是讓大家發現：「時間是最寶貴的東西」。

　　「工作和生活現在全部交織在一起，我們必須更有效率。如果你的陳述我不感興趣，我就會放空。」

結論：蘿絲說，在她求學時代教導她的「女性主義修女」說得一點都沒錯：「做你自己就好。」不要躲在一堆廢話裡。

要領與訣竅

❶ 在你的目標受眾裡聚焦於一個人。

❷ 勾勒出你想要他記住的一件事。

麥克還是《里奇蒙時報》（Richmond Times-Dispatch）的菜鳥記者時，前輩麥可·哈迪（Michael Hardy）經常批評對手報社拙劣的寫作，他說：「先想好再打字！」

· 他是在諷刺對手，但這是一個好建議。

· 如果你都不知道自己究竟想要表達什麼，讀者絕對不可能理解你寫出來的東西。

❸ 像人一樣，為人而寫。

簡單、清楚、直接。要口語，也要真摯誠懇、平易近人，這些都是基本要素。這麼做能讓人們更願意傾聽、記得你說什麼。

· 麥克喜歡把他的電子報《Axios AM》想成在和一個聰明、好奇的朋友進行早餐對話。

· 當我們與別人面對面談話時，我們有社交線索可以防止我們言語乏味。我們會下意識地想「我希望你喜歡我」，因此我們不會重複同樣的話，我們不會用花稍的字眼，我們不會講對方已經知道的事，我們不會解釋不用想也知道的事。

· 可是，當我們坐在鍵盤前，前述的那些事我們沒有一件不做。

解決辦法：找個人講你想談論的觀點（講給自己聽也可以，沒有人會知道）。

- 你說出來的會比你伏案埋首「寫」出來的更清楚、更有趣、也更緊湊。

❹ 然後寫下來。

如果讀者、觀眾或聽眾只能從你的內容裡記得一件事，寫下你想要他們記得的那一件事。在做任何其他事之前先寫下那一件事。

- 然後試著將句子改短到最多十幾個字——少就是多。這句話應該是陳述句或數據，而不是提問。確保這件事一定要是新鮮事或重要的事。刪去無意義的詞彙、沉悶的動詞或形容詞。

❺ 然後打住。

當我們不知道自己想要說什麼（更可能的情況是，我們根本不懂我們在寫什麼），我們就會說太多話來掩飾這件事。

- 我們提分手、要求加薪、承認做壞事時也會這樣。我們說個不停。這是人性，這會扼殺人際關係和溝通。所以，打住就好。

Part 2

如何做到？

值得

馬里蘭大學教授羅納德・雅洛斯（Ronald Yaros）運用眼動追蹤研究來了解我們真正讀了什麼。他發現，大部分人通常只是瀏覽大部分的內容。

為什麼重要：長年進行這些研究的雅洛斯表示，平均來說，一般人看一篇報導或新聞只花26秒。他稱之為「文本時間」（time on text）。在那之後的任何內容呢？**通常是浪費篇幅。**

- 沒錯，那很嚇人，但也是一種解脫。你自由了，你可以直接說重點，開口前不必清喉嚨，沒有用的資訊也可以省去。

當讀者開始告訴我們，我們的風格幫他們節省時間，提高他們對複雜主題的理解時，我們知道我們做對了。我們投入大量心力，消除你在其他網站上看到那些鋪天蓋地的雜訊和干擾，只寫簡短、重要的事情。

- 我們當了多年記者，卻不記得有哪一次收到讀者的感謝信，我們也從來沒有期待。我們收到的通常是仇恨信，那是寫政治報導的代價。

不廢話

佛羅里達州羅德岱爾堡市（Fort Lauderdale）的不動產經紀人梅根·格林（Megan Green）說，買賣雙方在交易中可能會變得非常情緒化，而聰明簡潔溝通法讓她在與雙方交涉時減少失誤、懷疑和花招。

為什麼重要：銷售工作的成功取決於效率（請注意這句話的力量和效率）。梅根說：

- 「忠於事實，有禮貌，這些流程讓人頭昏腦脹。我把所有事項都寫成文字，像是電子郵件和簡訊。」
- 「我不會浪費時間說：『嗨，祝你有美好的一天。』我會條列重點：『這是水電的設定方式。』不廢話。」
- 「我用黃色畫重點。如果對方問我問題，我會把他們的問題複製貼上，用深紫色或粗體字回覆。」

重點：瞎忙是浪費金錢。

我們的領悟：在雜訊充斥的世界，如果你尊重別人的時間和智慧，他們會回報你。這是普世真理。反之亦然：如果你虛耗他們的時間，他們會覺得你很煩人。

記者通常是犯規大王。你或許要讀1200字之後才發現，原來只有一個段落值得你花時間（而且還埋得很深）。但是，記者絕非唯一犯規的人。

- 一本書我們為什麼要翻20頁才真正進入正題？
- 一支影片為什麼要先看30秒空洞無物的廣告之後才開始？
- 又或者，為什麼要先讀序言、介紹或任何東西的摘要，即使我們想要的只是一、兩個重點？

雅洛斯教授讓我們提前一窺他的最新研究。這項研究他稱之為「數位投入模型」（digital engagement model），目的是預測使用者投入不同類型資訊的方式和原因。

- 以聰明簡潔的溝通方式來說結論：他們不投入。

大部分讀者都處於顧問琳達・史東（Linda Stone）所說的「持續性局部注意力」（continuous partial attention）狀態。

- 一如雅洛斯的一項研究所說：「這不是一心多用，而是使用者不斷想著下一個通知、訊息或電子郵件。」

- **那**就值得注意了：即使讀者在看你的文字，其實許多人心不在焉。

即使讀者真的**關心**，你可能也無法讓他們保持專注。「即使是我們有興趣的內容，時間也會限制投入的程度，」雅洛斯寫道。

- 教授警告記者不要踩「出局」地雷，也就是任何會讓你失去讀者的事。
- 四大地雷：文字太多、術語太多、選擇太多、影音太長。
- 它們的共同點？**少就是多**。

雅洛斯發現，這些觀念普世通用，從文字溝通到網路影音、甚至連電玩遊戲都適用。我們在短時間內消化各式各樣的數位內容，然後迅速前進。

不簡潔，就淘汰

克里斯·薩卡（Chris Sacca）是一位創投資本家，在推特上有160萬名追隨者，他的個人簡介提到他投資過「不計其數」的新創公司。以下是他真心實在的建議：「撰寫你的商業書信或電子郵件。等到全部寫完之後，回頭修改，把全部內容塞進開頭的兩句或三句。通常只有那些句子會有人讀。」

❶ 列出你一定要講的重點。

依照重要性，按順序寫。第一點最容易被記住。

- **麥克在聽BJ批發會員店（BJ's Wholesale Club）的一名經理人演講時學到一項訣竅，後來我們都在用——你也應該用。**

關於公開演說，麥克本來以為已經沒有他不知道的祕訣，但當他排在BJ經理人後面等待上台時，他聽到那位經理人用這句話作為演講的開場和結尾：「如果你只能從這場演講記得一件事……」這是個好方法，可以準確地傳達最重要的重點，還有你想要人們記住的事。

❷ 如果可能，把重點縮減到只剩一、兩點。

如果不行，條列你的重點，而不是一堆堆的文字。

- **如何判斷什麼時候該這麼做？想想你自己的閱讀習慣。你真的會把每一封電子郵件從頭讀到尾，或是逐字讀完一份報告嗎？當然不會。**

我們知道，如果我們能從任何一場Podcast、產業會議、講道或網路視訊會議記住一個觀念、趣聞、訣竅、建議、笑話、數據、見解，那就謝天謝地了。

那就是賺到，不是嗎？大多時候，我們聽完一集Podcast或開完一場會，卻什麼也記不住。

- **就是要這麼精實。不要讓讀者挑重點，你先挑好重點。**

❸ **快速檢查一下。這個重點、細節或觀念必要嗎？如果必要，有沒有更簡單的表達方式？**

❹ **刪、刪、刪。在按下傳送鍵之前，還有哪個字、哪句話或哪個段落可以刪掉？你刪減的字字句句都能節省對方的時間。少就是多，也是一份禮物。**

如果你做好這些事，當你提出新想法或訊息時，別人不會再翻白眼或是忽視你。他們會開始樂於傾聽你的想法，而且聽得很仔細、很清楚。

改寫前	改寫後
首場足球比賽，也是我們今年度的第一場比賽，將會在春田市舉行，地點是足球綜合運動中心。在史密斯教練的帶領下，我們的球員會在那裡再次展開精采的一年，而且希望能贏得我們的第一座冠軍盃。球員要在下午1點抵達，並自備食物、水和其他用品，不過我想你們應該已經知道，因為這不是我們一起參加的第一場比賽。謝謝你們！紅狗隊，加油！	第一場足球賽的地點是春田市的足球綜合運動中心。球員要在下午1點抵達。 紅狗隊，加油！

6

搶眼

聰明指數

2040 字	5 分鐘

寫作時，最重要的文字是推文、筆記或文章的主旨、標題和第一行。你必須抓住讀者、誘惑讀者、吸引讀者。

為什麼重要：大部分人在這方面表現欠佳。他們寫得小心翼翼，長篇大論。但這個壞習慣很容易改正。別再一開口說「Hello」的時候就失去讀者。

- 接下來幾章會解析聰明簡潔溝通法的組成元素，並按部就班教你該怎麼做。最重要的一步是「引子」，也就是你開口說出的最初幾個字。

擴大視野：大腦天生就是要迅速決斷「yes或no」，是要戰或逃、點擊或瀏覽、閱讀或跳過、記住或忘掉。

- 絕妙的點子或文字能讓多巴胺激增，這能為你在讀者身上多爭取幾秒鐘的時間。每個字都是爭取更多時間和注意力的戰爭。
- 多數人都只讀標題，對大部分的電子郵件視而不見。漠視訊息成為一種防衛機制；錯過重要訊息成為無時無刻不在的恐懼。
- Axios讀者分析團隊發現，電子郵件主旨欄的最適長度大約是6個字，短到足以完整顯示在手機螢幕上。

　　那就是你成功的第一步。

住宅銷售界的東尼・羅賓斯

艾迪・貝倫包姆（Eddie Berenbaum）是北維吉尼亞州21世紀紅木不動產（Century 21 Redwood Realty）的董事長和共同創辦人，他在寫信挖角競爭者時有個祕密武器。

- 那就是湯姆・費里（Tom Ferry），他是勵志銷售教練，經營「成功高峰會」（Success Summits）、賣印有「起床、努力、再一次！」的T恤，儼然就是不動產界的東尼・羅賓斯。
- 貝倫包姆發現，只要把費里的名字放在主旨欄，就能大幅提高他的目標讀者（不耐煩的不動產仲介）的開信率。

貝倫包姆用Axios HQ發送每週最新消息給超過100位頂尖仲介，而且看到他的開信率飆升。這不但為他帶進更多生意，也讓他的團隊每週都能達成最高目標。

為什麼重要：標題或主旨出現熱門名字或品牌，例如用巴菲特吸引商業群體、用耐吉吸引學生，能讓你先馳得點，拿下你所需要的**那一秒鐘注意力**，讓一個忙碌、挑剔的人出手點擊。

貝倫包姆發現，**實用的**內容，也就是訣竅和訓練，也能幫助他打動對方。

- 「如果他們點閱我的電子郵件，就表示他們很可能坐下來談一談，」貝倫包姆說。

貝倫包姆之所以採用Axios HQ通訊格式，部分要歸功於他就讀賓州貝瑟公園市（Bethel Park）貝瑟公園中學11年級時的英文老師。三十年來，貝倫包姆一直銘記這個建議：

- 先寫，然後回頭刪去至少一半的字數。每一次他的文章都變得更明快。

要領與訣竅

❶ 先從「不要」開始。

- 標題或主旨**不要**用太多字。規定自己最多只能用6個字，不能再多。

- **不要**搞笑、不要諷刺、不要耍神秘。這不是聰明，是混淆。

- **不要**用像SAT考試單字那樣複雜的詞彙，或賣弄商業術語。

❷ 改掉壞習慣之後，培養健康的新習慣。

- 用最多10個字寫下當初讓你花費力氣提筆的原因。

- 用最具煽動性但又準確的方式寫作。

- 簡短的文字才是有力的文字。通則是：單音節文字比雙音節有力，雙音節文字又比三音節有力。

- 有力的字彙優於軟爛的字彙。

- **永遠**用主動式。

❸ 大聲唸出來。

- 確認它聽起來像是會誘使你想要或需要更多的文字。

了解更多：選字是否恰當，左右著之後的數百個字是否會有人讀或聽。想想看：你投入無數時間寫下內容，但是對於如何從一開始就抓住讀者的注意力卻只花一點心思。

把你要寫的所有東西都想成是《紐約時報》的新聞標題：你下筆要精確，但也要足夠動人或豐富，以吸引讀者一探究竟。這就是網頁和報紙標題字級比較大、字體比較粗的原因，而這些正是決策點。

你的標題（或是電子郵件的主旨）就是聰明簡潔溝通版的「嘿，聽我說」。

- 它在說：我有重要的事要說，而且我會說得妙趣橫生，值得你花時間一聽。
- 如果你這樣開場：「低廢棄經濟正成功。」我聽不懂你的意思。但如果你這樣說：「新創事業把垃圾變黃金。」現在你讓我感興趣了。
- 這樣說會讓人打哈欠：「你有幾秒鐘時間聽一件重要的新消息嗎？」但是如果這樣說，就能引起對方注意：「大新聞：我要搬家了。」
- 以下的推文沒有人會點閱：「這是一篇精采的報導，你應該讀一下。請點擊以下連結。」如果是這樣寫：「**搶先報**：馬斯克的下一步。」如何？

想知道你的標題是否吸睛,一個萬無一失的檢驗方法就是自問:要是沒寫下這個標題,你會讀嗎?

· 打開任何一家主流新聞網站,裡頭滿滿都是連他們自家記者永遠也不會去讀的報導。那些都是靠寫作吃飯的人寫出來的東西,難怪新手在跌跌撞撞中拚命摸索。

你絕對不會把你精心烹調的美食放在狗碗裡端上桌。同理,你想要別人關注你苦心琢磨的內容,卻因為乏味或混淆的引子讓他們失去興趣,基本上就是在做相同的事。

標題

「改寫前」的內容是取自其他網站的真實標題並經過修飾的版本。「改寫後」的內容是我們在 Axios 發布的版本。

改寫前	改寫後
加州的新冠變種病毒傳染力可能更高,或許會引發比第一種病毒株更嚴重的疾病	加州新冠病毒株的傳染力比第一種高
醫療保健工作能夠維持美國勞動市場的成長,即使未來會出現衰退	醫療保健產業的就業情況不受經濟衰退影響
就算美國整體的醫療費用增加,有些美國人仍然沒有變得更富有	美國人付不起醫療費用

電子郵件主旨

改寫前	改寫後
今天稍晚的會議要討論週一的後續事宜	兩項重要的最新消息
關於我們的疫情因應措施／在家上班規畫的最新消息	新版遠距工作規畫
我們的產品衝刺計畫總結，請審閱，有些新模板需要研究一下	衝刺計畫總結：7個新模板

7

一件大事

聰明指數

| 1788
字 | 4 ½
分鐘 |

如果你能從這本書學到一件事，那會是：學會如何找出並宣傳你想要人們知道的一件事。

還要用一**句**有力的話做到，不這樣就沒有人會記得它。這就是你最重要的重點，也就是記者說的「導言」（the lede）。

為什麼重要：無論是讀電子郵件、看臉書或講電話，大部分忙碌的人都只記得片段。他們正在掃視你的想法（而不是逐字閱讀），並試著找出以下兩個問題的答案：

- 這到底是什麼？
- 這值得我花時間嗎？

寫作障礙

我們的朋友克里夫・西姆斯（Cliff Sims）在2016年總統大選期間為川普陣營工作，後來進入白宮，歷經無數瘋狂的事。克里夫有作家的慧眼，也是講故事的一流高手。他離開政府之後，可以一連講好幾個小時令人大開眼界的幕後祕辛。

- 但他開始寫書時，下筆就是無法行雲流水。那些見聞讀起來笨拙又冷淡。
- 我們建議他對太太講這些故事，並用他的iPhone錄下來，再謄寫成文字稿。那就是他的書。

這個方法有效：《毒蛇團隊》（*Team of Vipers*）仍然是關於川普世界種種荒誕行徑的最佳讀物之一。

擴大視野：麥克還是年輕記者時學到最有用的一個訣竅就是：

- 做完訪談或報導完一件事後，打電話給你的編輯、室友或是伴侶，告訴他們發生什麼事。那就是你的第一個句子。每、一、次、都、管、用。

　　麥克從吉姆那裡學到另一個真正有用的訣竅是：「沒有人看或讀的東西，就沒有人在意。」

- 第一個句子是你的機會（而且可能是唯一的機會），可以告訴讀者他們需要知道什麼，並說服他們停留在這裡。
- 你最多只有幾秒鐘的時間可以告訴讀者一個清楚的答案，在那之後，讀者的注意力就會離你而去，淹沒在其他十幾封爭奪他們時間的電子郵件、標籤頁或是警示訊息裡。

　　我們的大腦知道什麼是最有趣和最重要的事情。但之後我們開始打字，把訊息變得複雜、模糊、讓人容易忘記。在其他形式的溝通上也都是如此。

- 在為 *Axios on HBO* 新聞節目做過重要訪問後，我們會完整看一次採訪影片或逐字稿，從中挑選出最佳片段。訪談結束之後，我們立刻把記者找來，問他們覺得最有意思的東西是什麼。

因此，如果你要向團隊更新近況，或是寫個短箋給朋友，想像你是在電梯裡和他們講話，分秒必爭，沒有時間可以浪費。

- 如果他們一腳就要踏出電梯門，你會大聲叫喊、希望他們不要忘記的是哪一件事？那就是你的開場白。

運作原理： 媒體一個見不得人的小祕密就是，大部分的記者都不擅長寫緊湊扎實的導言。所以不要難過：記者靠這個吃飯，但他們也是跌跌撞撞。

我們在Politico的同事約翰・布列斯納翰（John Bresnahan）有創業病，他協助創辦*Punchbowl News*。他是那種老派的記者，沒耐性、壞脾氣、不廢話，一針見血地指出每一段開頭的句子應該發揮的作用：「告訴我一些我他媽不知道的事。」

以下是電子郵件常見（而且糟糕）的第一句話：

劣	優
「我知道你很忙，有一堆事要做。不過，我希望讓你知道，我要辦一場派對，希望能找到樂隊現場演奏。因此，我可能需要你的協助，安排一些東西。」	「我要辦一場有樂隊現場演奏的史詩級派對。」

又或者想想，當你看到這樣的導言時，感覺如何？「拜登總統仰賴他長期以來的顧問，引導他度過艱困的外交政策和國內危機，有些民主黨人擔心，這個局限的小團體或許會讓他的決策過程更複雜。」打哈欠。

- 這樣如何？「拜登主政風格和小布希如出一轍：由一群神祕又想法類似的人所主導的寡頭政治。」精神來了。

或是你可能會這樣要求加薪：「我在這裡已經三年，我工作非常努力，而我現在多揹了房貸和車貸，所以如果你願意的話，我想要討論一下…呃…是不是有可能幫我加薪。」

- 試試這個：「我知道我的價值，我想要討論加薪的事。」

又或是和老師更新你的作業近況：「很抱歉，我決定要以老羅斯福總統為主題來研究的時間有一點晚。可是我在研究過程遇到很多困難，因為我一直在兩個方向之間舉棋不定，一個是他的領導風格，另一個是具體檢視他的環境政策對美國的影響。不過我現在已經決定以他的領導風格做為題目。這是一個宏大的主題，能讓我有更多探索和寫作的空間。我會用這個角度寫作，我保證會在週日前交出最後的報告。」

- 試試這個：「我的報告會以老羅斯福總統的領導風格為主題，並在星期日交作業。」

❶ 濃縮再濃縮，找出你最重要的重點。

務必把目標受眾擺在心中第一位。

❷ 跳過軼事傳聞。

笑話或炫耀也都跳過。

❸ 嚴格遵守以一句話為限。

現在，寫下它。

❹ 不要和引子一模一樣。

（如果你有引子。）

❺ 刪去副詞、無意義的字、無關的字。

現在的句子是不是直接、簡潔又清楚？

❻ 現在，請自問：

如果這是讀者**唯一**能看到或聽到的東西，這**正是**你想要他們

記住的內容嗎？

然後繼續往下寫。

為什麼重要

1476 字	3 ½ 分鐘

全書中的粗體字標題「為什麼重要」，我們稱之為「點題」（Axiom），這個方法可以把你的想法放進一個可以消化的脈絡裡。

- 「關鍵數據說」……「背景脈絡」……
- 「發生什麼事」……「另一方面」……「事實查核」——

這些點題都是清楚明白的標示牌，可以引導那些快速瀏覽的人。（相信我們：所有讀者都是快速瀏覽的人。）

為什麼重要：大部分人都忙到無法理解**什麼東西**重要、**為什麼**重要。請當他們的英雄：以明快、清楚、具有啟發性的方式指點他們方向。

假設你必須告訴老闆有位重要同事辭職。

改寫前	改寫後
主旨：等您有空，我要報告一件最新的人事消息 抱歉打擾您，但如您所知，珍奈·絲摩爾（Janet Small）領導我們兩項重要專案，工作表現一直很出色。可是，她剛剛通知我說她要辭職，幾週後就要到其他地方赴任新職。啊，這真是一大打擊。她似乎是跳槽到我們的對手那裡。我們會努力找到新的幕僚長，不過這需要時間。我想我可以接手她部分工作。	**主旨：　我們的幕僚長辭職了** 珍奈·絲摩爾剛剛通知我，她要在兩週內離職，到我們主要對手公司那裡就任新職。 **為什麼重要**：珍奈領導我們兩項重要的策略專案。我會接手處理，同時我們會迅速尋找接替她的人選。

- 好，你已經告訴我一件我不知道的事。但是，我為什麼要關心這件事？我為什麼應該記住或分享這件事？

- 解釋清楚，告訴讀者該如何思考這件事，而且立刻就做。

背景故事：我們根據「點題」這個看似簡單的概念打造整家公司。我們公司的名稱（Axios）就是借用這個概念。Axios是希臘文，意思是「值得」（worthy），值得你花時間、信任和關注。

- 點題就像路標：它告訴你你身在何處，要往哪裡去。
- 我們用點題開啟最重要的重點，在報導、電子郵件、簡報裡則用粗體字標示。這會給大腦一個清楚的提示，告訴大腦正在處理什麼。大腦會判斷是要略過，還是「了解更多」。
- 我們基本上是借用新聞學裡所說的「nut graf」（要旨、核心段落），也就是你偶然會讀到的一個段落或一句話，告訴你為什麼你得讀這篇報導。（在我們工作的那些大報社，nut graf通常落在第四段或更後面，至於原因，我們仍然難以理解）。我們強化了這個概念，並把它應用在所有形式的溝通上。

我們最喜歡的點題還有：

- 擴大視野
- 後續發展
- 我們看到什麼
- 我們聽到什麼
- 弦外之音

- 背景故事
- 快速了解
- 見微知著
- 綜觀全覽

結論：聰明簡潔的溝通不是變戲法，它可以學，也可以教。要精通點題的藝術，有幾個竅門。

增強力道

虛弱的架構 你應該知道的重點如下	**有力的點題** 為什麼重要
虛弱的架構 我們一直在觀察的一股趨勢	**有力的點題** 擴大視野
虛弱的架構 我們來看一下數據	**有力的點題** 關鍵數據說
虛弱的架構 總而言之	**有力的點題** 結論

要領與訣竅

❶「為什麼重要」是最常見且有效的點題。

人們都很忙，他們的腦袋一片混沌。他們渴望知道前因後果，即使他們沒有發現或沒有表現出來。「為什麼重要」要用粗體。

❷ 在「為什麼重要」之後，用一句話（最多兩句）解釋，你第一個句子裡的資訊為什麼重要。

· 這項資訊會改變什麼？政策、產品線、策略，還是方法？

· 這代表什麼？思維的轉變、趨勢的興起？

· 整體背景脈絡是什麼？這是異常現象、引人入勝、高潮迭起的大事件？或是與你之前討論過的事情有關？

❸ 這一、兩句話應該是直接的陳述。

它們不應該是第一句話的換句話說，它們應該增添並提出觀點。大聲說出你的導言和點題。如果對方只聽到這一、兩句話，他們能抓到精髓嗎？

如果你能讓我覺得我在讀的東西很新鮮、很重要、很吸引人，因此**想要知道更多**，那你就成功了。

❹ 現在，把你的標題、你的導言，還有你的點題一起讀過一次。

如果這是對方聽聞的全部訊息，它是否以最直白、最易於理解的方式傳達你認為最重要的事？

如果答案是肯定的，你的200字達到的效果已經勝過大部分人的2萬字。

9

了解更多

聰明指數

| 1992
字 | 5
分鐘 |

聰明簡潔溝通法把必要訊息包裝成最容易消化、賣相最好的可口資訊。

為什麼重要：要成為聰明簡潔的溝通高手，你必須在第一個點題（通常就是「為什麼重要」）之後，以更迅速、對讀者更友善的方式提供深度、細節和細微差別。

- 絕對不要忘記：大部分人在讀過幾十個字之後就會注意力渙散，接下來的其他內容充其量只會瀏覽而已。
- 沒錯，這很討厭，但是有幾個技巧可以抓住並稍微延長讀者的注意力。

讓讀者有權「了解更多」，這是聰明簡潔溝通的退場台詞，既讓讀者對文章感到滿意，也能讓你指出背景脈絡，又不會因為文字一堆而失去讀者。

- 你的最後一段只要寫「了解更多」，然後連結到你的資料來源或影片、Podcast、簡歷、地圖、書摘內容、民調交叉分析表格等任何能讓讀者一頭栽進去深入探究的內容。

祕密在這裡：大部分人都不會深入探究，不過，光是看到「了解更多」的資料，讀者就明白你和他們站在同一邊，你想讓他們輕鬆得到他們想要的資訊，它也顯示你的體貼和周

到。它在說：你不必做功課，因為我已經做過了。

- 麥克曾寫過一則電子報，內容和自動車程式設計倫理有關。在最危急的情況下，車子會撞上前方的人，還是會轉向然後撞到人行道上的人？
- 麥克的「了解更多」連結到激發這則電子報寫作靈感的一篇新聞報導，還有那篇報導背後的學術期刊。所以，讀者可以有所選擇：是要迅速了解重要觀念就好……或是多讀一點……或是深入研究討論的細微之處。

　以「了解更多」收尾，有效率又優雅，而且能讓讀者明白，聰明簡潔的溝通並非以犧牲細節或脈絡為代價。

要領與訣竅

❶ 點題是王道。

這些粗體標語自然會吸引讀者的注意，指示讀者方向。

- · 我們是「了解更多」的重度愛好者，因為它明確點出你接下來將會提供更多資料和背景。「擴大視野」也是很好的點題，可以在你要放大視野以呈現更多背景脈絡時使用。

❷ 分點條列，而且要經常使用。

分點條列是呈現重要事實或觀念的好方法，想想你在掃視或略讀時會如何快速找到醒目的內容。分點條列能拆解內容，強迫加入間隔和節奏，讓重點變得突出。

- · 分點條列的黃金法則：沒有人想要盯著一堆文字和數字看。如果你想要解釋的資料或相關觀念有三項以上，用適當的方式拆成條列式重點，人們自然會快速瀏覽。

❸ 善用粗體字。

現在你知道大部分人只會瀏覽。如果你希望突顯某個點題、特定詞彙或數字，就用粗體標示。比起斜體字，粗體字不但顏色深，也更容易看到，而且一看就和其他標準字不同。它在高聲大喊：「注意這個！」

❹ 交錯運用。

一定要避免長段落，最多兩、三個句子就好。避免一連串的文字段落。運用粗體、條列、圖表和點題創造停頓。長話連篇，誰都會覺得煩（默念五次 😃）。

❺ 該停就停。關於溝通，最嚴重的缺陷、最浪費時間的就是說太多或寫太多。

- 對於文字，你要像僧侶一樣自律，像禪宗一樣領略說得多不如說得少的內在喜樂。這不自然也不容易，不過可以透過練習學會。
- 想像一下你能為別人、為自己節省下多少時間用於更有意義的活動。這應該是你的圭臬。
- 毛頭小子，聽好了：最有用的溝通經常是靜默。

閃亮的戴蒙

摩根大通銀行（JPMorgan Chase）董事長兼執行長傑米・戴蒙（Jamie Dimon）寫了一封年度致股東信，談論公司的重要理念、銀行業以及更廣泛的文化和政策趨勢。這封信的時間是 2021 年，總字數多達 3 萬 2000 字，篇幅比本書還長。

- **為什麼重要**：這封信眾所矚目，企業和政府領導人、財務分析師都引領期盼。這封信或許很睿智，而且已經分為幾個重要部分，但是它並不簡短。即使那是作者本人喜歡的做法。
- 傑米的幕僚請 Axios 試著用聰明簡潔溝通法撰寫一則電子報，擷取他信中的關鍵訊息，並分享給更廣大的讀者。那則電子報很成功，而且比原文少 3 萬 420 個字。（別擔心，電子報裡有原信完整內容的連結。）

有趣的事實：傑米是第一批從我們這裡得知關於我們創立 Axios 計畫的人之一。

- 傑米和他的幕僚希望儘可能讓最多人讀到這篇文章，並記得最重要的重點。這需要精煉和層次。

以下是用 Axios HQ 寫作的聰明簡潔版：

To   Cc Bcc

Subject **傑米・戴蒙看未來**

2020 年是特別的一年。席捲全世界的瘟疫、全球經濟衰退、動盪的選舉、社會與種族嚴重的不公不義,迫使我們省思撕裂社會結構的議題。「**不平等是隱憂。**它的成因就在我們眼前:我們沒能超越差異和自私自利,為公益採取行動,」傑米說。

· 「企業和政府攜手合作可以克服各方面的重大挑戰,像是所得不均、經濟機會、全民教育和全民醫療保健、基礎建設、可負擔住房和防災準備,這只是幾個例子。」

解決方案始於地方性與全球性的穩健領導:

· 聰明的金融系統能讓家庭邁出累積可靠、長期財富的第一步。我們必須擴張這些系統。
· 地方首長、教育家和社區領導人建構政策賦權給公民,讓公民進步。我們必須與他們合作。
· 地方企業創造讓社區維持健康經濟所需要的機會。我們必須賦予他們權力。
· 領導者應該把一套全面、長期的復興重建計畫列為優先事項,以追求健康的成長。我們必須支持他們。

「當每個人都有公平的機會可以參與並分享成長的回報時,經濟會就變得更強韌,我們的社會也會更美好,」傑米說。以下,我們會探索平等勝出之道。

Send

10

正確的用字

聰明指數

| 2074
字 | 5
分鐘 |

馬克・吐溫有句名言：「幾乎正確的用字與正確用字之間的差異……有如螢火蟲和閃電。」

為什麼重要：這句話也適用於虛弱的文字與有力的文字、短句與長句、有效的溝通與拙劣的溝通。你應該如閃電般一擊，而不是像蟲子般惱人。

我們在這本書裡大肆修理記者，不過商業書信的情況也好不到哪裡去。如果你是要說「價格」，就不要說「價格點」。如果你是指「技能」，就不要說「核心競爭力」。漂亮、明快的書寫會走直線，不會繞路：主詞＋動詞＋受詞。

- 一位資深的地方新聞編輯曾對我們說，你絕對不會把香蕉叫做「長型黃色水果」，可是我們寫作時卻老是幹這種事。

- 你絕對不會告訴另一半：「由於破紀錄的高溫籠罩西部與南部，最高溫度飆到接近（華氏）三位數，我要用一下附近的冷氣。」絕對不會這麼說！你會說：「天氣好熱，我要進室內。」

- 不必這樣說得落落長。我們學到簡單的訣竅，從寫推文到寫書，任何情況都適用。

- 相較於同事拌的文字沙拉，你的寫作會立刻脫穎而出。

回到學校

維吉尼亞州瀑布教堂市（Falls Church）的中學老師馬克・史密斯（Mark Smith）發現，家長沒有認真讀他的電子郵件。

- 家長在瀏覽時遺漏重點，然後為疏忽致歉，或是之後又回來煩他。
- 「他們憑著一知半解的資訊就回應，」史密斯回想道。「這真是一場惡夢。」

史密斯在路德傑克森中學（Luther Jackson Middle School）教工程學，他是麥克的電子報讀者，於是他決定試一下聰明簡潔溝通法。

- 他甚至把郵件字數和閱讀時間放在最頂端，就像我們在Axios電子報所做的那樣。
- 任務達成。史密斯知道大部分家長只讀粗體字（不是只有偷懶的小鬼才會這樣）。所以，他把重點都放在這裡。「他們最後都能掌握到重點，」他說。

史密斯指出他那些13、14歲的學生比大人強的一個領域：中學生喜歡聰明簡潔的溝通方式，不過不是因為它背後的神經學或心理學原理。

- 正如孩子們的老師所說：「他們只是想寫愈少愈好。」

❶ 愈短愈好。

一條簡單的經驗法則就是，單音節字絕對比雙音節字有力，雙音節字又比三音節字有力。我們在主旨欄只用單音節字。

❷ 運用有力的字彙。

有力的字彙生動、精確，你看得到它（這一點很重要）。它言之有物。虛弱的文字抽象，讓人看不到、摸不著、嘗不出，也無法具體想像（例如「流程」或「公民教育」）。

- **有力的文字：任何單音節的名詞**（fire, boat, cage, cliff, fish）、**任何單音節的動詞**（chop, taunt, botch, crush）。

❸ 剔除沒意義的字彙。

實用的經驗法則是，如果不是你會在小酒吧或海灘說的話，就刪掉。這些無力或呆板的文字有許多種形式。

- **花稍的用語：**麥克的外祖母總是把這些字叫做「10元字」（10-dollar words，艱深或冷僻的字彙）。你可以稱它們為「拼字比賽用字」，也就是你以為可以讓你聽起來很聰明，但其實只會讓你看起來更愚蠢的字。以下是一些例子，括號裡的短字比較好：

avociferous (vocal)   prevaricate(lie)
didactic (preachy)   conundrum (jam)
paradox (puzzle)   disconcerting (bad)
salient (on-point)   conclave (meeting)
vicissitude (change)   quintessential (classic)

breadth (range) verisimilitude (real)

elucidate (explain)

- 沒人會說的話：那些字彙只存在於新聞學、學術界、智庫和研究論文裡。我們在報社工作時，敏銳的編輯把這些字彙稱為「新聞體」，也就是瀕臨絕種的語言（謝天謝地）。

discourse (talk) challenge (problem, shitshow)

posit (assume) dearth (lack)

paucity (scarcity) obfuscate (hide)

ubiquitous (everywhere) veracity (truth)

altercation (fight) vehement (forceful)

disseminate (spread) raison d'être (purpose)

- 我們訓練 Axios HQ 時，把辨識與替代沒意義的字納入軟體，所以顯然所有人都可以學習並做到這件事。

❹ 避免模糊的文字。

英文中三種「可能」的用法「could」、「may」、「might」：這些字通常無法告訴你正在發生什麼事。

- 「幾乎任何事都可能發生。」這句話沒有發揮提供訊息、勸說、說服或博君一笑的作用，但這些卻是你寫作最重要的原因。

- 相反地，你應該要寫發生什麼事：它是「規畫好」，或是「列入考慮」，或是「討論過」？它是「恐懼」、「希望」或是「意料中」？

- 以上任何一點都能透露有用的資訊。不要用模糊不清的內容浪費人們的時間。

❺ 用主動式。

主動式為你的寫作注入行動,它是某人做某事:羅伊參加Miatas賽事。

- 被動式比較模糊,它是某人觀察某事:「羅伊以參加Miatas賽事聞名。」
- 主動式:「塔利班占領阿富汗」。被動式:「從安全觀點來看,阿富汗的情勢持續惡化。」
- 我們在小學時就學過:「誰─做─什麼」。那個簡單的公式永遠能產生一個引人入勝的結構。

結論:說故事給我聽。不要說與故事**有關**的事給我聽。

❻ 採用有力的語彙。

簡短、明快、有力=令人難忘、清楚、高明。

「耶穌哭了」(Jesus wept),這是整本聖經裡最簡單、最有力的四個字。《約翰福音》裡這句鮮明生動、道盡一切的短語只有四個字,它捕捉到耶穌世俗的人性、謙卑、情感。

- 日本投降。　　　　・銷售慘跌。
- 營收爆增。　　　　・我辭職。
- 小熊隊輸了。

❼ 自己檢查。

寫出開場句之後，檢視每一個字，看看能否再少一個音節。
每做一次檢查，文字的力道就多增加一點。

· 可以用 revenge，就絕對不用 retribution。

擴大視野： 一句比兩句好，兩句比三句好。處理句子要像處理字彙一樣無情。對段落要更無情。

把你的文字包裝到讓人眼睛一亮。

文字力度的快速測試

麥克曾經被派去參加已故的《達拉斯晨報》（*The Dallas Morning News*）知名寫作教練寶拉·拉洛克（Paula LaRocque）的工作坊，他當時戰戰兢兢。拉洛克散發十足的德州人風格：大顆的戒指、燦爛的微笑、強大的氣場。麥克記得她大聲朗讀一個描寫一條魚的段落。

那段文字寫得活靈活現，那條魚彷彿就在你眼前。然後她問學員，這段文字的特點是什麼。

沒有人答對：每個字都是單音節。力量就在簡單裡。

11

表情符號

聰明指數

| 967
字 | 56
表情符號 | 2 ½
分鐘 |

聰明簡潔的極致就是不言而喻。好，👨🏻‍🎓 👤，來認識一下表情符號吧。

為什麼重要：曾經只是孩子的調皮玩意和開玩笑用的表情符號，在表達情緒、意圖甚至細微差別時，也能十分豐富 💰 。

⚠️ 表情符號很容易被濫用，或是用起來像你家老爸穿上設計師品牌的緊身牛仔褲一樣，看起來很不搭。但如果謹慎且運用得好，效果 🔥 。

背景故事：多年來，麥克都不碰表情符號，因為他認為吉姆會嘲笑他（他想得沒錯）。但2017年當我們推出第一個系列的Axios電子報時，我們想要讓寫作看起來 💡 ＋ 😊 。

- 我們想要展現我們認真看待我們的讀者和主題，而不是那麼在意自己。
- 我們從第一天開始就做的一件事是，在電子報裡用GIF圖做美術設計。許多圖都來自GIPHY圖庫，這是一個開放公眾使用的圖庫，我們強烈推薦。
- 從那時開始，我們就認為只要用得聰明、巧妙，最重要的是用得節制，表情符號就會是商業和日常溝通的有力工具。

表情符號用得太多，會讓你看起來愚笨，但是在適當的時機插入表情符號，有助於立刻彰顯語調或是新聞主題，讓讀者進入對的情緒，節省你和讀者的時間。

　　對於表情符號的運用，我們沒有什麼科學理論，不過在新聞快訊之前放一個 🔔 似乎能提升點閱率。這是一門藝術。數位藝術。

- 麥克在電子報裡用「📊本日數據」做標題，你一看就知道新聞內容是什麼。
- 用📦搭配亞馬遜的報導，或是🛒配沃爾瑪，我馬上就明白我們在討論什麼。🇮🇹、🇬🇧 和🇨🇳也是同理。
- ✈️ 代表一路順風。🔥引起我的注意。🔦、💥、🔔 和⚡給你最新動態。

　　以下是商業溝通時實用的表情符號：

數據或意見調查	📊
選舉	🗳️
做得好	📈
該死	📉
完美	💯
哎呀	🙍
截止日	⏰
餐廳評鑑	🍽️

裝置	💻 📱
運動	⚽ 🏏 🏀 🏈 🎾 🏑
食物	🥞 🍕 🍟 🍰

一般交談時，表情符號也很實用：

- 這個符號完全不用說明：🎂。
- 我們的電子報用 🎬 表示 *Axios on HBO*。
- 其他和好萊塢有關的內容就用 💠 或 🎥。
- 🎧 一定是 Podcast 或音樂。
- 喜愛復古懷舊的老派人士：📺 🎙 🎥。

　　表情符號是你的朋友，原因還有一個：主旨有表情符號的郵件，在收件匣裡會立刻變得很醒目。試試看，你很快就會看到它的效果。

- 商業電子郵件《晨間咖啡》（*Morning Brew*）在主旨和推特用☕，非常成功地建立起他們的品牌。他們每天早上都會使用，而當人們掃視收件匣時，它特別顯眼。切記：你在打一場注意力之戰，每一招都重要。
- 麥克的晨間電子報主旨開頭是「 ◎ Axios AM」，藉此建立熟悉感和習慣。
- 我們的歡樂時光電子報 *Axios PM* 的主旨有個🥁。請下鼓聲，謝謝。
- 當然，這些不需要翻譯：😱😨💫。

結論： 試試表情符號🏃。效果好到讓你拿🏅。

Part 3

採取行動：實踐篇

12

麥克的祕笈

聰明指數

2070字	5分鐘

15年來，麥克一年365天每天都寫一封晨間電子報。他寫的電子報總共超過2500封，中間只中斷過7天——他那段時間去緬因州登山，從那次探險之旅重新找回活力。

為什麼重要：理智的人不會立志做這種事。不過麥克是聰明簡潔溝通法的真人孵化器，而他的訣竅、祕技和發現，可以幫助你精通簡明扼要的現代通訊藝術。

背景故事：2007年時，吉姆、麥克與在《華盛頓郵報》的朋友約翰‧哈里斯（John Harris）一起創辦Politico。約翰和吉姆是老闆，麥克是忙碌的記者，他挖掘新聞題材，在華盛頓特區一帶經營沒沒無聞的Politico。

- 每天黎明時分，麥克會寫一封電子郵件給吉姆和約翰，主旨是「我們今天要怎麼大顯身手」。這是這份刊物今天要追的新聞大綱。
- 麥克的電子郵件有固定的格式。一開頭一定是一連串最新的新聞或見解，也就是新聞業裡的聖杯：「告訴我一些我不知道的事。」

　　然後，它擷取各大報的熱門報導精華。麥克會告訴我們，前一晚消息人士和他說什麼，或是他做過什麼功課。然

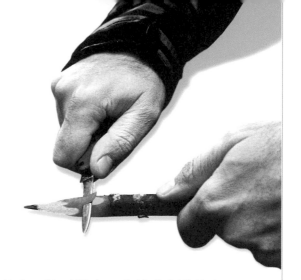

後告訴我們他今天要做什麼事。他通常會以有趣或幽默的內容做為結尾。

　　我們當時並不知道這個格式有一天會成功，這不過是麥克發給老闆們的一封睿智而明快的備忘錄。但是有一天，約翰和霍華・伍夫森（Howard Wolfson）談話，當時希拉蕊正在與歐巴馬角逐2008年的民主黨總統候選人資格，而伍夫森是希拉蕊的的首席助理。

・他們聊到Politico的近況，約翰說：「麥克每天早上都會發一封超棒的電子郵件給我，告訴我現在發生什麼事。」伍夫森答道：「也可以寄給我嗎？」約翰說沒問題。

　　就這樣，麥克這份協助開創一個龐大產業與兩家新創公司的每日電子報有了第三位訂閱者，然後像野火燎原般傳遍民主黨和共和黨的內部。不久之後，我們就把它取名為「Politico祕笈」。

2010年，《紐約時報雜誌》寫了一篇關於麥克的封面故事，標題是〈每天早晨喚醒白宮的男人〉。

- 「只要讀麥克・艾倫的電子報就好，其他什麼都不用做，」《華盛頓郵報》傳奇記者鮑伯・伍華德（Bob Woodward）在電視節目《早安！喬》（*Morning Joe*）裡盛讚道。
- 歐巴馬總統的白宮聯絡室主任丹・普菲佛（Dan Pfeiffer）告訴《時代》雜誌，麥克是華盛頓特區「最強大」而「重要」的記者。
- 這些全都是因為一封電子報。

幕後故事：在發現電子報的威力之前，麥克是衝勁十足、足智多謀的記者，但是他絕對不會成為另一個伍華德或桃莉絲・基恩斯・古德溫（Doris Kearns Goodwin）。他不擅長撰寫雕砌優雅的散文或扣人心弦的內幕報導。比起對著鍵盤打字，他在面對面談話時厲害得多。

- 我們大部分人都是這樣。除非你是閣樓裡的詩人，否則你說話一定比寫作更加清楚和生動得多。聰明簡潔溝通法能幫助你開啟那種自然的對話。它就幫助了麥克，而且效果卓著。

麥克寫了九年多的《Politico祕笈》，侃侃而談、內容豐

富，而且有一群讓人羨煞的讀者，它確實喚起了白宮的注意。

· 不過，現在我們再回頭看它，卻覺得它根本一團亂，它對讀者的要求超出合理限制。它長達數千字，編排模糊，讓你看不出重點以及重要性何在。它仍然是一封寫給朋友的信，但這個朋友要非常有空。

當我們開始籌備Axios時，吉姆想為這個新媒體加上一條規定：只要10則新聞，而且要編號，讓讀者在一天開始時知道有哪些重要事情。吉姆認為，《Politico祕笈》不應該只是新瓶裝舊酒，我們應該發明新格式；而且麥克的寫作需要一副手銬。

麥克起初抗拒這種做法，他堅信讀者喜歡長篇幅的電子報。

但後來他用Axios建構的洗練介面試寫文章，每則新聞的篇幅都只有iPhone畫面大小。結果不但讓他這個作者如釋重負，讀者也讀得津津有味。他的寫作字數因此減半。

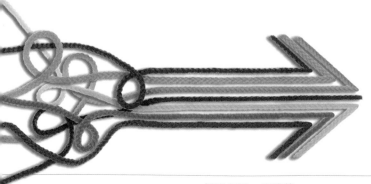

麥克的要領與訣竅

❶ 你就是主廚。

「聰明簡潔的溝通」當中的「聰明」，要義在於選擇。為讀者精挑細選，就更有機會讓他們渴望更多。

- 寫作就像辦自助餐，由你來揀選你想要的東西。
- 不要讓讀者挑重點！你已經清楚知道你的內容、打磨你的想法，也知道重點是什麼。説出來就好，不要再添加多餘的菜。

❷ 聰明簡潔的溝通代表自信。

就像你一樣，麥克也覺得這樣做很困難。他覺得自己有很多東西要說，想要全部都寫進去。不過，當他把注意力放在讀者身上，而不是只想到自己時，一切都為之改觀。他的字數大幅縮減。

- 有一年的復活節週末，麥克和家人在一個網速緩慢的地方，而且當時沒有什麼新聞。他説：「這是復活節，如果電子報篇幅不夠長，也不會有人抱怨。」於是他把《麥克精選十大新聞》改成《麥克精選六大新聞》，然後按下傳送鍵。
- 到了週一，他把電子報改回平常的格式，結果收到讀者的電子郵件：「哪裡可以訂閱『六大新聞』版本的電子報？」迎面一記痛擊，也是當頭一記棒喝。

❸ 無私就是自利。

一旦你視自己是在為讀者服務，他們就會注意你、回報你、信任你、歡迎你，而且會真正讀懂或聽懂你在說什麼。

- 想想你真正讀到的內容。我懂。那麼，為何要強迫讀者吞下比那些還多的內容？
- 如果大家知道你是個挑剔的人，當你說「注意這個」時，他們就會注意。

❹ 遊戲化。

幫文章減肥其實很有趣。麥克在編輯別人的電子報時會玩這個遊戲：他會刪減一些字，有時候一刪就是好幾百個字，然後要記者找出有哪些東西不見了。他們通常都找不出來。

- 這是文字減肥法，這不容易，也需要紀律，但你的文字會因此更健康、更好看。
- 我們的 Axios HQ 軟體更進一步，根據聰明簡潔的溝通原則為你的每一次寫作評分，幫助你衡量你的進步幅度。

13

電子報的藝術

聰明指數

1422	3 ½
字	分鐘

要傳達好幾件重要事項（還要引發關注），最好的方式就是寫一封簡潔有力的電子報，而且通篇採用聰明簡潔溝通法。

為什麼重要：電子報在工作場所與新聞界的人氣飆升，因為它們為複雜的商業或主題帶來秩序和效率。

‧光《紐約時報》發布的電子報就超過50種。

‧如果你的做法正確，發布電子報能讓你成為讀書會、小六班級、志工團、同事之間和老闆眼前的風雲人物。

弦外之音：人們討厭備忘錄、忽視報告、漏掉電子郵件。我們都是這樣；你也是。一封聰明簡潔風格的電子報，即使只是寫給一支小型領導團隊或一小群朋友，也會讓人覺得非讀不可，甚至可以是一種樂趣。你可以在電子報裡撒點甜頭，像是GIF圖檔、漫畫、個人動態、團隊的照片等，這是一個能受到關注且立即產生差異的好方法。

身為一個嘗試溝通的人，FOMO（譯注：fear of missing out，錯失恐懼、社群恐慌）突然間成為你的助力。誰想要變成團隊裡，唯一一個沒看到電子報底下公告婚禮消息的人？

文字障礙

伊莉莎白‧路易絲（Elizabeth Lewis）是德州奧斯汀市長史提夫‧阿德勒（Steve Adler）的通訊主任，她夢想著一個資訊簡短而明快的世界，但她的老闆是個喜歡文字落落長的人。

- 「市長喜歡長篇大論，但這不是我們生活的世界，」她說。「我們用聰明簡潔的溝通方式來滿足人們在吸收資訊方面的需求。」

在她的促請下，市長開始用Axios HQ系統和聰明簡潔溝通法與選民溝通，結果大受歡迎，於是路易絲在市議會每一次開會結束後都用這種方式向媒體發布會議摘要。

- 「記者希望簡報愈短愈好，」她說，「那是他們吸收資訊的方式，那也是我吸收資訊的方式。我想知道：這只會花我三分鐘。」

路易絲收到許多寫得密密麻麻和內容拙劣的電子郵件，她把它們比喻為我們在小學時遇到的文字障礙。

- 身為作者與讀者，她想要說，「聰明簡潔溝通法，謝謝你幫助我化解障礙。」

路易絲說，她有一個傳播夢：「一個完全只條列要點的世界。」說來有趣，那也是我們的夢想。

要領與訣竅

➊ 為電子報想個只有一或兩個字的名稱。

名稱要有力、清楚,而且能點出電子報的目標與精神。

➋ 不要浪費時間。

具體表明你會花讀者多少時間。我們用「聰明指數」標示,但你可以簡單地說要讀多少字以及讀多久。

· 一般人的閱讀速度是每分鐘265個英文字,而這正是本書計算閱讀時間的方法。你也可以自己動手算算看。

➌ 進入重點。

用「一件重要的事」做為第一則。從標題開始就要顯示這是最重要的一件事。緊接著是緊湊、有力的標題。

· 例如:「大消息:我們要賣掉公司。」

➍ 雜亂是大忌。

許多人犯的第一個大錯就是不注重會讓版面看起來賞心悅目的字體、字級和排版。不要塗鴉。

➎ 接著用聰明簡潔溝通法多寫幾則,依重要性排列。

· 「聰明簡潔溝通法」當中的「聰明」,要義在於挑選。確保電子報裡的每一件事都是真正重要的事,以增加讀者關注這幾件事的機會。

Axios AM

Enter your email address   Subscribe ⟶

April 06, 2022

∧ Mike Allen

Happy Wednesday! *Today's Smart Brevity™ count: 1,182 words ... 4½ mins. Edited by Zachary Basu.*

📺 **Watch for** new Western sanctions on Russia to be announced today.

↘ *Two masters*: Jonathan Swan interviews Senate Republican Leader Mitch McConnell onstage **tomorrow** at 8:30 a.m. ET. *Register here* to attend in-person (D.C.) or virtually.

1 big thing: New labor power

Amazon workers' historic win last week in New York City may wind up spurring union growth around the country after decades of decline, Axios Markets co-author Emily Peck writes.

- **Why it matters:** Labor's new juice comes as a tight labor market empowers workers in ways that seemed impossible.

A remarkable confluence of factors — including a pro-labor White House, once-in-a-century pandemic and a super tight labor market — helped Amazon workers on Staten Island achieve a David and Goliath union victory, with almost no backing from traditional institutional labor.

- **"It has electrified** all of our members and organizing leaders," said Mary Kay Henry, president of the 2 million-member Service Employees International Union (SEIU).

- **Staten Island organizers** claim they've been contacted by employees at 50 other Amazon buildings in the U.S.

Between the lines: The victory is a rebuke to traditional labor unions, which have failed in efforts to unionize Amazon locations.

🌐 **What's next:** Other large employers are on edge about what this means for them.

- **Starbucks CEO Howard Schultz** said at an employee town hall that companies are "being assaulted, in many ways, by the threat of unionization."

Amazon said in a statement about the Staten Island vote: "[W]e believe having a direct relationship with the company is best for our employees. We're evaluating our options, including filing objections."

- *Share this story.*

❻ 條列編號，在心裡大致估算總字數。

讓讀者知道接下來的發展以及什麼事會占用你的時間，能讓讀者安心。

- 一開始就寫明還有多少則。五到十則最理想，更多則的話，那是一本書，不是一篇電子報。請刪減。
- 超過1200字就是過長，1000字內才理想。請刪減。

❼ 吸引讀者，挑動讀者。

挑一張與主題相關的精采照片或影像。如果主題是出售公司，不要配一張蒙大拿州邊境景觀的照片。

❽ 簡單扼要，這是不變的守則。

每則以200字為限，這是尊重讀者時間的表現。

- 我們的研究顯示，200字之後的閱讀率大幅下降。如果有必要，提供報告、報導或網站的簡單連結，讓讀者可以「深入了解」。

❾ 讓讀者莞爾一笑。

用有趣或貼近個人的內容結尾。

- 我們用「趣事一件」或「笑一個」做標題。

❿ 能夠完全突顯重點的簡明圖表或照片是神來一筆。

4. 📷 1,000 words

Photo: Chip Somodevilla/Getty Images

Vice President Harris, President Biden and former President Obama arrive yesterday at an East Room <u>event</u> marking the 12th anniversary of passage of the Affordable Care Act.

- **It was Obama's** <u>first</u> return to his former home since leaving office 5+ years ago.

"I confess I heard some changes have been made *[laughter]* by the current president, since I was last here," Obama said as he warmed up.

- **"Apparently,** Secret Service agents have to wear aviator glasses now. *[Laughter]* The Navy Mess has been replaced by a Baskin-Robbins."

Obama added: "I have to wear a tie, which I very rarely do these days."

- *Read the remarks.*

5. 🏙 Bay Area bright spot

25 most dynamic metros in the U.S.
According to the Heartland Forward Most Dynamic Metros report, 2021

#3 most dynamic
San Francisco

#1 most dynamic
San Jose, Calif.

#2 most dynamic
The Villages, FL

Data: Heartland Forward "Most Dynamic Metros" report. Map: Baidi Wang/Axios

We've covered people fleeing the Bay Area in this work-from-home world. But a new report reminds us why so many titans and workers stay.

The most economically dynamic metros have diverse industries, a mix of young and legacy companies, and fun things to do, Worth Sparkman of <u>Axios Northwest Arkansas</u> <u>writes</u> from a <u>report</u> by Heartland Forward.

- **The index is based on** "recent employment growth, wage growth, and GDP growth, as well as two entrepreneurship metrics (the density of young business activity ... and density of well-educated workers) ... and

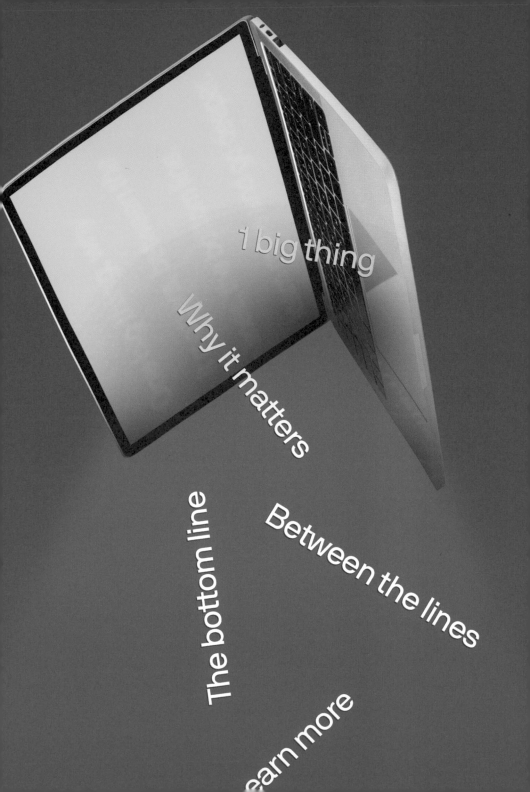

14

提高你的
辦公室聲量

| 2341
字 | 5½
分鐘 |

最能顯現聰明簡潔溝通效能和重要性的場合，莫過於辦公室。

為什麼重要： 無論你的工作是什麼，只要你在溝通上展現聰明和效率，你的績效和重要性就會急速推升。

- 主管和同事會注意你（而且回報你），因為你讓他們更聰明、為他們節省時間，還提供實用的背景知識。
- 它能讓你在事業上創造重大優勢，因為大部分人在辦公室都不擅長聰明溝通。

擴大視野： 一場辦公室革命現正展開，它將永遠顛覆人們互動、執行、脫穎而出的方式。由上而下、神祕兮兮的管理團隊指揮窩在辦公室裡的順從員工，這種時代已經結束。

遠距工作、充滿理想的員工要求透明度和工作意義，這樣的時代正在開啟。企業文化將會和策略或執行力一樣重要。

- 溝通位居這場革命的重要核心。溝通明快、真誠、直接的人是贏家。緊抓著過去那種封閉、混亂溝通方式的人會被淘汰。

從最小的新創事業到《財星》五百大企業的執行長或領導者，我們都曾和他們談話。他們都感覺自己被淹沒在未

讀郵件、未開也未看的 Slack 訊息、沒完沒了的備忘錄或是冗長、無聊到不想看的公司通知之中，你或許也有這種感覺。

- 這實在讓人動彈不得又不知所措，許多組織因此更難在人員四散各地、遠距辦公時看清楚什麼是當下最重要的事。

自 1930 年代起一直在執行意見調查的蓋洛普發現，人們之所以喜歡自己的工作並樂意留任現職，原因有兩個：一是與同事關係緊密，二是參與程度。

- 對工作心不在焉的人，有 74％積極尋找或留意其他工作。只要薪資比較高，不管高多少，他們都願意跳槽。如果有機會，有時候他們甚至願意為了換個環境而減薪。

這種情況沒有緩和。蓋洛普執行長強恩·克里夫頓（Jon Clifton）在 2021 年秋天表示，只有 30％的工作者想要回到辦公室做全職工作。大部分不想回去的人都說，如果要被迫回去，他們寧可搬家或少賺點錢。

對於學會以吸引人且具啟發性方式溝通的人來說，這是個龐大的機會。全球傳播公司愛德曼根據它的「信任度」調查，在 2021 年的《信念驅動的員工》（*The Belief-Driven*

Employee）報告裡總結道，個人賦權和社會影響力正在追上升遷和加薪，成為員工選擇雇主的必要條件。高達61％的回覆者表示，他們會基於社會議題而選擇接受或拒絕雇主，真是令人震驚。

現在，傳達公司的價值觀是吸引和留住一流人才的必要條件。Axios HQ使用者發現，部門、專案或團隊以固定格式和頻率寫成的每週最新消息有助於：

- ・以價值、策略、共同文化凝聚人員。
- ・闡述多元性、共融性，公平的計畫與進展。
- ・按照重要順序解釋最迫切需要執行的任務。
- ・知會他人進展或變動，讓客戶完全掌握狀況。
- ・維護重要策略性決策和思維的知識寶庫。

我們針對Axios HQ超級用戶的內部研究顯示，在採用、適應聰明簡潔溝通法後，所有這些領域都有顯著改善。（更多詳情，請上SmartBrevity.com）

❶ 你的訊息、備忘錄或電子郵件：

採用聰明簡潔溝通法撰寫最新重要消息，這能讓你的溝通風格統一且獨具一格。

❷ 你的管理：

如果你是主管，請用言之有物而簡潔的電子報發布每週最新消息（參閱第13章）。鼓勵直屬部屬也這麼做。

- 在週日或週一一大早寄出，凝聚眾人的效果最好，能讓大家為接下來的一週做好準備。
- 資料顯示你應該在早晨發信，因為開信率最高。

❸ 你的報告：

PowerPoint 是塗鴉和折磨視力的溫床，人們會用劣質的美術設計與篇幅失控的文字來掩蓋他們的構想或提案，並用十幾張以上的投影片來重複顯示這些內容。請快速修正：

- 用你的重要想法作為簡報的開場，運用第6章的引子寫作技巧精煉它。
- 後續投影片的每個重點都應該有同樣緊湊的標題，還有幾個要點，每個要點盡可能用最短的一句話表達。經驗法則：一張投影片如果超過20個字，請重寫。
- 保持版面清爽、簡單、層次分明（參閱第20章）。
- 簡報通常以5到6張為限。
- 重申一開始的重要想法，以此總結。然後打住。

辦公室贏家

石油業龍頭英國石油（BP）前通訊主管吉奧夫．莫瑞爾（Geoff Morrell）是第一個在大型企業內部將聰明簡潔溝通法納入主流的人。

為什麼重要：莫瑞爾的快速成功證明，你可以在辦公室、學校或鄰里抓住注意力，並重塑他人的溝通方式。我們也受到啟發，寫出這本教學書。

背景故事：加入英國石油之前，莫瑞爾在五角大廈工作，擔任國防部長鮑伯．蓋茲（Bob Gates）的首席助理。他記得在厚厚一疊備忘錄的最上方看到一頁簡短摘要，標記為「BLUF」。「BLUF」的意思是「前置摘要」（Bottom Line Up Front），這就是軍方版的聰明簡潔溝通。每個人都會讀「BLUF」。

很少人會讀完整的備忘錄。莫瑞爾想要自己的BLUF。他問我們，能否教他和他的團隊聰明簡潔溝通法。

他首先開辦一份用於協調統合管理工作的內部電子報，結果它很快就在整個公司推廣開來。他把它取名為「ITK」，也就是「知情者」（In the Know）。

- Axios HQ用聰明簡潔溝通法為BP訓練全球超過500名通訊團隊人員，他們現在以這套理念為中心，建構內部與外部傳遞訊息的核心內容。他們看到開信率激增，而不同國家、不同語言的領導者都成為簡潔溝通的宣揚者。

莫瑞爾的溝通祕技

1. 聰明簡潔溝通法可以傳授。莫瑞爾告訴別人，在每一個條列重點中都要使用主動動詞，他們就可以照做。

2. 聰明簡潔溝通法迫使你像正常人一樣寫作。我們傳送的文字簡訊，總讓收到訊息的人一看就秒懂，這讓莫瑞爾驚豔不已，反觀時下的商業寫作不但耗時，而且一團糟。

3. 聰明簡潔溝通法可以很酷。莫瑞爾成為其他經理人眼中的英雄，他們看到成果，而且想要把這些概念用在自己的團隊。ITK的第一位作者克里斯·雷諾（Chris Reynolds）成為溝通名人，全公司上下都來向他請教寫作技巧和竅門。

4. 聰明簡潔溝通法具有感染力。這個魔法立刻傳到ITK以及溝通部門員工以外的地方。莫瑞爾開始看到以「你必須知道的三件事」或是「你必須知道的五件事」為架構的內部備忘錄。針對複雜主題撰寫的政策文件，過去從來沒有人讀，現在改用聰明簡潔的溝通方式寫成。莫瑞爾也用同樣的方法提供BP的相關話題給前員工和其他BP夥伴。

5. 聰明簡潔溝通法可以轉用於其他用途。現在，連BP的績效考核、甚至安全簡報，都可以看到聰明簡潔溝通法。

15

聰明簡潔的
電子郵件

聰明指數

| 2427
字 | 6
分鐘 |

蓋洛普為本書所做的獨家調查發現，70％的員工希望工作上的溝通能更簡短。（欲知更多資訊，請參閱：smartbrevity.com）。

為什麼重要： 蓋洛普的資料顯示，只有半數員工會讀主管的簡訊，另外一半員工對於出現在螢幕上的訊息，不是沒認真看，就是略讀。

- 大部分人寫電子郵件的方式都像是在大叫：「不用認真讀我」。但是，如果你在按下傳送鍵之前可以用聰明簡潔溝通法編寫內容，就可以吸引更多人讀你寫的內容，而且讀得更快速，或是略讀得更有效。
- 這是在辦公室打贏注意力戰爭最簡單的辦法。喬治城大學工作效率專家卡爾‧紐波特（Cal Newport）在《沒有Email的世界》（*A World Without Email*）書裡指出，一般商業人士每天收到的電子郵件數量，從2005年的50封，到2019年激增為126封。所以，快速提升電子郵件的聰明簡潔溝通能力，是非常迫切的緊急要務。

Email這樣寫就對了： 以下這個例子是我們的人資長多明妮克‧泰勒（Dominique Taylor）與人力營運副總克蕾兒‧甘迺迪（Claire Kennedy）寫給我們的電子郵件。

- 請留意她們如何以賞心悅目的方式編排重要的細節。

To   Cc Bcc

Subject 新人召募需求（緊急！）

我們正努力優化媒體部門與總部的人力營運團隊結構，我們認為需要開設新職缺，盡快找到一位新的人才管理總監。

為什麼重要：我們的員工人數會在年底前突破400名，超過我們今年原來的預測，也超過我們的修正預測。

- 目前，我們召募到的新人都是用來填補人力管理團隊的空缺，我們需要更多人力，以因應我們目前以及預測的成長量，特別是在這種混合型的工作環境下。
- 除了讓新員工融入現職員工，我們還必須做更多，以延緩人員流動率。

運作方式：以下是媒體團隊的組織結構圖，包括這個新職位。

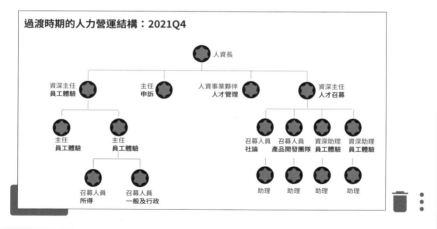

下一步：克蕾兒9月17日到29日不在辦公室，因此我們本週就要做成這些決策。

謝謝。

多明妮克＆克蕾兒

要領與訣竅

❶ 拙劣的電子郵件會從蹩腳的主旨開始。你的主旨應該簡短、直接、迫切。

前一頁的電子郵件主旨告訴我，我為什麼需要現在就打開信。

❷ 永遠把消息或問題放在第一句。

讓對方覺得他們必須讀下去。

❸ 對收信人交代「為什麼重要」的來龍去脈。

這是寫電子郵件時可以重複套用的架構，讓你能緊接著提出佐證資料。

❹ 條列重點讓略讀者與精讀者都容易理解最重要的資料或佐證觀念。

❺ 你想要突顯的文字、數字或名字，都用粗體標示。再說一次，對於略讀者來說，這是最能吸引目光的視線落點。

❻ 乾淨、直覺的視覺編排有助於放大重點，或是讓重點變得鮮活起來。

例1

精簡溝通前

New Message   — ✎ ✕

To   Cc Bcc

Subject   **聰明簡潔溝通訓練**

親愛的團隊，

我們在2020年1月31日舉行第一次聰明簡潔溝通法對外開放日活動，這次活動非常成功。這是一次免費活動，開放給有意改造現行內部溝通流程的客戶參加。這次活動我們邀請6個不同組織、橫跨各部門的16位專業人士參加，而他們全都出席。

這次訓練課程為時三個半小時，包括一小時的基礎訓練、兩個半小時的研習活動。我們用我們的工具進行兩項寫作練習，幫助這些專業人士熟悉電子報寫作模組。我們在課程中蒐集到非常棒的回饋，從中得知哪些地方有用，哪些地方需要改進。以下是我們聽到的部分意見：

「我真的很喜歡研習活動，因為它能幫助我立刻練習我學到的聰明簡潔溝通訣竅。在未來，展示聰明簡潔溝通法如何應用於其他的日常溝通，像是電子郵件和社群媒體，可能很有幫助。」──SM訓練課程學員。

在跟與會者討論我們更多使用案例，以及我們如何在Axios內部使用這項工具之後，有幾位表示有興趣讓團隊開始採行這種溝通風格。我們會在下週聯絡他們，了解後續狀況，以保持我們的關係穩固、長久。

如果你們對此有任何問題，請讓我知道。

Send   ⋮

精簡溝通後

New Message _ ✎ ✕

To   Cc Bcc

Subject   **聰明簡潔溝通走出Axios大門**

親愛的團隊，

週五我們舉辦第一次聰明簡潔溝通法對外開放日，這是一次免費課程，幫助對我們溝通風格有興趣的客戶學習這項技巧。

為什麼重要：他們很快就上手，有幾位問到能否在公司內部引進我們的訓練，讓更多同事可以學習。

關鍵數據：

- 16位專業人士參加
- 6個組織參加活動
- 3.5個小時的訓練時間轉眼即逝
- 利用我們的工具進行2項寫作練習

我們聽到的回饋：「我真的很喜歡研習活動，因為它能幫助我立刻練習我學到的聰明簡潔溝通訣竅。在未來，展示聰明簡潔溝通法如何應用於其他的日常溝通，像是電子郵件和社群媒體，可能很有幫助。」

後續發展：下週，我們會追蹤每位與會者，讓我們的關係保持穩固。

Send   ⋮

例 2

精簡溝通前

New Message ⎯ ↗ ✕

To   Cc Bcc

Subject   **Expensify系統新規定！**

大家好：

我們的新會計系統（Sage-Intacct）已經正式轉換完成，這也意味著Expensify會有變動🎉。你可能已經看過Expensify發送的電子郵件，這代表你已被納入新系統，能讓費用報告與會計系統同步。

請開始在新系統下的「Axios費用規定」欄目申報費用，這樣主管／財務部才能核銷費用，並撥款給你。這應該被設定成你的預設選項。

附件是我們的特別版Expensify重新導入簡報檔，裡頭有一些操作範例，還有系統變動的更多細節，內容如下：

· 部門現在放在部門欄，而不是「分類」。

· 分類／專案（簡報檔第7頁）用於標記公司計畫和小組開銷。

新做法能讓公司更容易按計畫追蹤費用，以了解我們在一些特定項目上是否做法正確。請協助標記你可以掛在計畫項上的費用，以提升這些特定專案編列預算的準確度。

事業單位欄（簡報檔第8頁）用於標記我們三個事業單位的成本。現在這是必填欄位。

新系統升級讓我們可以透過事業單位有效地匯報財務現況，讓公司充分掌握各事業單位的目標績效達成狀況。

我們知道事項繁多，因此我們會在二月初的全員會議上示範。我們可以在現場回答問題。在此期間，如果你有任何疑問，歡迎用Slack或電子郵件聯絡財務部的任何一位同事。🗑 ⋮

如果需要協助，我們隨時都在這裡！

精簡溝通後

Subject   **費用申請新步驟**

大家好，

我們要轉換會計系統，幫助財務團隊的工作更迅捷。

一個動作：在下一次申請費用之前，你必須把 Expensify 設定改為「Axios 費用規定」。步驟如下：

1. 登入 Expensify。

2. 點選你的個人檔案圖像。

3. 勾選「Axios 費用規定」。

任何處理中的申請單，你必須更新你的設定：

1. 在左邊的瀏覽列點選「申請單」。

2. 選取申請單，點取「詳細內容」。

3. 在「規定」下拉表單裡，勾選「Axios 費用規定」。

後續發展：這次升級還有幾項改良，像是你必須用到的新費用申報選項，不過我們會在二月初的全員會議裡說明。

· 在此期間，請檢視附件的摘要說明簡報。有任何問題，歡迎發訊息給我。

Send

16

聰明簡潔的
會議

聰 明 指 數

| 1506
字 | 3 ½
分鐘 |

想想你耗在過於冗長、過於龐雜、百無一用的會議，以及永遠拿不回來的時間。

為什麼重要：你可以透過在較短的會議中加入聰明簡潔溝通技巧，藉此轉變團隊的文化和績效。重視別人的時間（而且有重要事情要說）會成為你的正字標記。

- 第一步是學習怎麼開會。四個人當中有三個人沒有受過如何開會的訓練，難怪會有這麼多爛會議。
- 其他人也和你一樣：90％的人承認今天開會時在做白日夢，72％的人在做別的事。（資料來源：HBR Design Thinking）
- 現在就運用本章的原則建立連貫性，設定清楚的方向，並得到更好的成效。

會前準備： 優質會議的決勝點通常在會議開始之前。

- 聽起來愚蠢，不過務必先確定你真的需要開會。如果是需要隱私和直白說實話的事，或許採取一對一的談話會比較好。
- 會議發起人應在會議通知的電子郵件中訂定會議目標（直白的一句話）和議程（最多三項）。
- 盡量在前一晚發出會議通知，以免有些與會者當天行程已經滿檔，這也能讓大家有充分的時間思考。
- 貝佐斯因為把這一點做到極致而聞名：他不信任在會議用PowerPoint報告（他說簡報檔與其說是說明，不如說是製造混淆），「相反地，我們寫的是有敘事結構的六頁備忘錄」，他在一封致股東信裡這麼說，「我們在每次會議開始時安靜閱讀這份文件，彷彿在『自修室』裡。」
- 六個精簡的句子就夠了！
- 如果可能，具體列出要做的決策或要採取的行動。

會議中：

1. 設定時間限制：如果做得好，20分鐘通常就夠了。大部分人都像機器人，不管需要做什麼，都會自動把會議時間設定為30分鐘以上。撼動你的組織文化，你會大放異彩。

- Slack通訊軟體的做法看起來很聰明：會議只有25分鐘或50分鐘。如果你的會議是一場接著一場連續排下去，你下一場會議就不會遲到，搞不好還有時間可以喝杯咖啡。
- 試試微型會議（5到10分鐘）。沒有任何法律或理論要求讓會議超過必要的時間。

2. 用標題為會議開場：就是在會前寄出的通知裡，用一句話寫下的目標，它點出這次開會的原因：我們有什麼事需要解決或討論？

3. 第二句話解釋「為什麼重要」，為什麼這件事在這個時候對在場的人這麼重要。大家都很忙，經常穿梭在一場又一場會議之間轉換主題，讓他們知道他們為什麼在這裡。

4. 接下來，明確說明必須做出哪些具體決定。會議結束時，你會在總結要點時回顧這些決定。

5. **引導討論，以焦點和效率為會議定調**。把這當成健康的同儕壓力。如果有人開始離題，請微笑著打斷他說：「離題了！」振臂揮手能夠添點幽默，消除不快的感受。

6. **兼容並蓄**。最安靜的人通常有最精采的想法。鼓勵沉默的人說出他們的觀點，至少他們會感謝你給他們開口的機會。

7. **會議剩 2 分鐘時，討論開始收尾**。總結要點，具體說明後續步驟，讓團隊知道你會在下班前發送會議紀錄。

會議後：

- 趁著會議內容記憶猶新，用條列重點的方式發送簡要的追蹤事項清單給與會者。
- 我們發現，這些電子郵件通常能促使人們補充他們在會後想到的事項，或許這能幫大家省下一次會議。

錯誤示範：

- 聊天說笑與寒暄是早到者的福利。（又或者，如果你喜歡閒聊的程度和吉姆一樣，那就是你的懲罰。）開會時間到，如果你還在聊午餐或週末的事，等於在告訴一群大忙人這個會議沒有那麼重要。那你為什麼要開會？

- 開會的人太多、主題太多、時間太長。對於規畫出這樣一場會議的元凶，同事們不太可能會說什麼，不過，他們會注意，也會記住。

正確做法：

- **建立準時開始的文化。**2001年時，小布希總統入主白宮的第一週，影響力不下於總統助理的卡爾・羅夫（Karl Rove）在一場橢圓辦公室會議遲到。總統指示助理鎖門。自此之後，羅夫再也沒有遲到過。

- **謝謝大家在會議開始的時間準時到場。**（要不要鎖門，你自己決定。）你已經把自己塑造成理智的化身，在接下來的會議裡能明確地控制流程。

- **分配工作。**明確分派各人負責的工作，並明定期限。

17

聰明簡潔的
演說

2776 字	7 分鐘

你上次聽到讓你覺得：「說得真好，真希望他再講久一點、模糊一點」的演說、敬酒辭、評論，是什麼時候？

為什麼重要：這個問題的答案是：從來沒有。精采演說的甜蜜點是內容值得聽眾花時間聽，而且你最重要的想法（你的重點）令人難忘、印象深刻又持久。

　　演說就像人生，不需多說也能產生巨大的影響。確實，有些最具代表性的演說都很簡短：

- 蓋茨堡演說：272個字。
- 甘迺迪總統著名的就職演說：不到15分鐘。
- 亞當斯關於《獨立宣言》的演說，提到的是3項不可剝奪的權利，而不是22個。

溝通專家南西・杜雅特（Nancy Duarte）在研究包括金恩博士的〈我有一個夢〉、賈伯斯2007年的iPhone發表演說等著名演講的節奏、鋪排和內容之後，做了一場高人氣的TED演說。她提到偉大演講的「祕密結構」，聰明簡潔版本如下：

- 描述現狀：世界或該主題現今的情況如何。
- 與你的崇高理念做對比，理想上，這就是你的演說重點。
- 在現狀與可能性之間來回穿梭。
- 號召大家行動。
- 生動地描繪如果大家採納你的想法，未來會是怎樣的理想景象，以此作結。

看看賈伯斯如何緩慢、充滿魅力地展示他的iPhone。

- 他對自家產品讚嘆不已，邀請觀眾想像那會是個什麼樣的世界：更美好、更有未來感、更令人興奮。
- 他把iPhone握在手中、拿起來展示、在手裡把玩，並描述其他手機的缺點。
- 然後，他按下開機鍵，彷彿要打開一扇門讓你登上月球。手機螢幕神奇地亮了起來，畫面是一團神秘。
- 當他摘下麥克風，他已經許諾世界一個更美好的明天，以及更多的未來。

好，言歸正傳：你不是賈伯斯，你是否會發明某個會永遠改變人類的裝置也是個問題。你八成只是想要完成演說，安然無恙地走下講台，讓自己不要看起來像個笨蛋。以下是對我們這些凡夫俗子有用的實用訣竅。

1. 未開口先得勝。你是人，所以你要表現得像個人。想想怎麼寫、怎麼說才是你的本色。有太多人想要模仿別人，或是像百老匯主角那樣說話。做你自己就好。

- 對不起，投影片、小抄和提詞機都是不良輔具。你應該讓你自己和你說的話成為焦點。
- 練習並記得彩排，在演說時與五或六個不同的人直接目光接觸。

2. 心裡有聽眾。幸運的話，聽眾會從你的演說中記住一件事。他們可能忍不住想查看手機，或其實已經在桌子底下看手機。

但是、但是、但是：演說和其他溝通形式不同，人們是為了聽你講某個主題而來到現場。從一開始就贏得聽眾的心：用一個博君一笑的真實故事開場。不過，如果你講超過一則笑話或軼聞，反而會適得其反。

- 開場要多長，以下是萬無一失的評估方法：想像你偶然

碰到一位鄰居。我們可以從社交線索判斷，互動多久才不冒失或惹人厭。

- 那正是你開場故事該有的長度。說出時間和地點，描述情況，告訴大家發生什麼事。然後打住。

3. **精煉再精煉，琢磨再琢磨，提出你最重要的一個要點或一個課題**。逐字寫下來，不要只抱著隱約知道的想法。一旦你找到那個重要想法，就要圍繞這個想法建構你的演說。

- 我們可以向你保證一件事：如果你不知道可以用哪句話描述重點，你的聽眾也絕對不可能知道。
- 簡化重要想法，把它變成一個短句。然後用第10章的有力文字範例（單音節字＝ 🔥 ）字斟句酌。愈能引發思考帶來啟發愈好。聽眾會急著想和他們的另一半、同事、泳池邊的朋友分享你的觀點嗎？如果不會，你還得再下點功夫。
- 《哈佛商業評論》建議重點最多15個字。我們建議愈短愈好。

4. **讓聽眾立刻聽到重點**。在論述之前，先說：「今天，我想要你們記住的一件事是……」然後一字不差地說出你精雕細琢後的重要想法。你會立刻得到每個人的注意。你正在為他們做他們大腦該做的事，那就是去蕪存菁。

5. 接著說出「為什麼重要」：為你的重要想法提供簡短的脈絡。 或許你甚至可以說，「這對你們很重要，因為……」這能讓你有條不紊，也能讓聽眾保持注意。

6. 然後提出一些統計數字或故事佐證你的重要想法，讓它更生動有趣。 編號有幫助，而且一開始就要宣告：「以下五點……」增添趣味，例如說數字時或許可以誇張一點，或是給出一個口頭暗示。

- 為統計數字編號可以方便聽眾做筆記，不過更重要的是：它能顯示你演說的走向。如果你展現自己掌控一切，聽眾會跟隨你。
- 或是遵循杜雅特使用的模式，指出你的構想在實現之前和之後，生活會有怎麼樣的反差。
- 不管哪種方法，一個有邏輯、易懂的敘事內容都是關鍵。你的觀念和例子要保持簡單、容易理解；複雜會讓人完全提不起勁。

7. 在結束時強調你的重要想法， 你可以說：「記住，如果你只要記得一件事……」。

然後說「謝謝」。結束時一定要說優雅、感恩的話，這會讓大家想要為你歡呼。

錯誤示範：2021年，拜登總統前往康乃迪克州新倫敦市，到美國海岸警衛隊學院（Coast Guard Academy）發表畢業典禮演說。這場28分鐘的演說，他心裡或許有一個重點要表達。

· 若真是如此，那個重點仍然是留在他心裡的小祕密。他幾次想要表現幽默，包括一個搞砸的海軍笑話，但畢業生的平淡反應顯示沒有人知道他想表達的重點。

　　後來，總統一句罵人的話讓台下的人真的笑了出來。「你們這屆畢業生實在很駑鈍，」他說，灰心和絕望表露無遺，「我是說，拜託一下。你們是被曬昏了嗎？」

· 接下來是最痛苦的一刻。絕對不要說：「不過，言歸正傳……」

重點整理：拜登總統沒有熱切想要傳達的重要想法，他只是在讀一篇優美但沒有記憶點的講稿。當聽眾的注意力開始渙散時，他自己也一樣。

拜登總統想要這樣吸引聽眾注意：

- 「世界在改變。我們正站在世界歷史的重要轉折點上。我們美利堅合眾國和這個世界一向能夠在動盪時期擘畫未來。我們能夠一直不斷更新自己。我們一再證明作為一個國家，只要我們同心協力，沒有什麼事是我們做不到的。我是說真的，沒有任何一件事做不到。」

哎呀，總統先生，請容我幫你修改：

- 「畢業生們，做得好。你們身處在世界歷史的重要時期，你們可以發揮廣大、長遠的影響力。方法如下……」

一邊是模糊、籠統的概述，一邊則簡短、清晰而有力。高下立判。

這樣做才對： 全世界最引人入勝的演說，有一些來自TED，在那裡，有重要想法要說的講者，把他的想法在無數次重述中淬鍊成簡潔明快的論述。

- 贊助這些最佳演說的非營利機構TED有個祕訣：每一場演說都不超過18分鐘，無論講者是誰都一樣。
- TED總裁克里斯·安德森（Chris Anderson）說，18分鐘

「短到足夠維持人們的注意力」，但也「長到足夠講述重要的事」。這真是不錯的法則。

社群專家潘蜜拉‧梅爾（Pamela Meyer）的〈識破謊言的假面〉（How to Spot a Liar）是觀看次數最多的TED演說之一。她在2011年的演說如此開場：「我無意讓在場的任何人驚慌，不過我注意到坐在你右邊的那個人是騙子。」

‧ 潘蜜拉，你引起我的注意了，而這一切只用一句話就辦到了。

然後她開了個玩笑：「自從我寫了《戳破謊言的祕訣：察覺欺騙的技巧》（Liespotting）這本書，再也沒有人想要和我見面。『不、不……不、不、不』，他們說，『沒關係，我們寫電子郵件給你。』」

很精采。兩句話。

‧ 然後她給聽眾大綱：「在我開始之前，我要先為你們釐清我的目標。」
‧ 接著是她的重要想法：「說謊是一種合作行為……謊言有力量是因為有人相信謊言。」

一切搞定。

18

聰明簡潔的簡報

讓簡報的人緊張、聽眾無聊、浪費雙方時間的簡報實在太多了。

為什麼重要：PowerPoint的傑作有如極簡主義派作品，字數最少、張數最少、干擾最少才是最高境界。

- 你簡報的所有內容都要能指向、放大你最重要的要點，絕對不要只是重複同樣的話，最糟糕的則是分散聽眾的注意力和持續力。

　　這與你的直覺反其道而行，也與你在Zoom或會議室裡承受那些有如賽車場的噪音截然不同。

- 「這就好像一種廣泛使用又價格昂貴的處方藥，它宣稱能讓你變美，但其實不然，」資訊設計理論家艾德華・塔夫特（Edward Tufte）曾這麼評論PowerPoint。「相反地，這種藥有頻繁、嚴重的副作用，像是讓我們變笨、降低我們溝通的品質和可信度、把我們變成無聊的人、浪費我們同事的時間。這些副作用，加上因此變得差強人意的成本／效益比，接下來當然就是一場全球產品回收行動。」

世界需要一場PowerPoint干預行動。兄弟姐妹們，改變由你開始。簡單起步：

- 你可以講話、你可以放投影片、你可以展示美圖。可是，如果你對於你想要聽眾記住的事沒有清楚透澈的想法，那麼上述這些都不再重要。
- 簡報就像電子報、電子郵件、演說、推特或任何溝通方式：做PowerPoint之前先思考。
- 琢磨再琢磨，直到你知道你到底、究竟、真的要說什麼，以及「為什麼重要」。

所有溝通都適用以下這條原則：透過簡化來誇大，尤其是簡報。想想該如何減少字數、投影片張數、視覺效果，消除任何會分散焦點的東西。然後應用以下這些簡報技巧：

1. **精確寫下你想要的結果**，並提出三到五個可以佐證的要點。

- 依序排列你的佐證要點，就像是你要在陪審團面前做辯護陳詞一樣。這就是你的大綱。
- 運用聰明簡潔溝通法的寫作技巧把你的訴求精煉到大約六個字左右，這能讓聽眾完全專注於最重要的要點。

2. 簡化每一張投影片。

- 一張投影片放一則訊息，聽眾應該要能夠在3秒鐘之內吸收你的觀點。3秒鐘，不能再多。把每張投影片想成一面廣告看板：如果有人以時速65英里呼嘯而過，他能了解你的意思嗎？
- 研究顯示，簡報時，文字是最無效的傳播方式之一，所以文字要愈少愈好。
- 只用一種字體和／或一種常見的視覺風格。

3. 圖像能訴說生動的故事。圖像比一堆文字有效千百倍。為圖像配上幾個字，注意力和持續力會直線上升。

發生什麼事？

- 神經學家說，當我們吸收新資訊時，大腦一次最多只能處理兩種刺激，例如：口語和圖像。這時如果再丟出一堆滿是條列要點的文字，會怎麼樣？聽眾會感到困惑。讀投影片？別想了，聽眾一定不會去讀。
- 分子生物學家約翰‧梅迪納（John Medina）發現，圖像＝持久的印象。他發現，搭配吸睛的圖像，可以讓回想率增加到65％，相較下如果只是聽，回想率只有10％。

4. **保持簡短、淺白。** 教育理論指出，我們最容易消化的簡報內容，是一個重點加上三到五個佐證要點。任何形式的聰明簡潔溝通，原則都一樣。

- 和在華爾街工作的朋友聊聊，你會聽到這樣的瘋狂事，他們熬夜做出厚厚一疊花稍的投影片，這些投影片卻完全無法發揮傳達訊息、說服或激勵的作用。
- 《哈佛商業評論》提到，麥肯錫有位合夥人告訴新進人員採用這條經驗法則：如果你想在簡報檔裡放20張投影片的話，用2張就好。

   很讚的建議。縮減就對了，總共12張應該就夠。

- 文字、圖像、轉場和音效愈少，就會讓你的簡報更鮮活、更難忘。

5. **一定要成交。** 就像任何稱職的業務員，如果你不具體而直接地開口要求，就得不到你想要的東西。做一下這道填空題：

   我召開這次會議、製作這份簡報是因為我想要 ＿＿＿，或是要教你們 ＿＿＿＿。

- 把這句話精煉成最少的字，這就是你最後一張投影片。

19

聰明簡潔的
社群媒體

聰明指數

| 949
字 | 2 ½
分鐘 |

社群媒體是近身肉搏的注意力戰爭。

為什麼重要： 最競爭的環境，莫過於你滑動的社群動態網頁。一封電子郵件，你有幾秒鐘可以擷取對方的注意力，如果是推特或IG，你只有一眨眼的時間。

- 聰明簡潔溝通法高效簡潔，能讓你的社群貼文在推特、臉書、IG的一團紛亂裡脫穎而出。你更有可能突圍而出，得到點閱或分享，贏得關注。

月亮濕了

washingtonpost.com
兩項研究證實月球有水
新研究證實科學家多年來的理論：月球有水。

- A+級推文:「🌑–>月亮濕了」
- 乏味的推文:報導的導言:「根據《自然・天文學》（*Nature Astronomy*）期刊週一刊登的兩項研究,月球表面有水,冰可能廣泛存在於許多陰影中。」

　　大部分社群媒體貼文都有一條贏家方程式,那就是給予受眾一些東西(想法、比數、笑話),而不是要他們點擊、買東西或做什麼事。

- 如果你給讀者好東西,他們就更有可能會與你的內容互動,而你會從演算法得到報酬。

　　思考你想要告訴讀者或聽眾的一件事,也就是你想要他們記住的那件事,我們已經談了很多。

- 在社群媒體上,你**只能**告訴他們一件事。用有料的消息引誘他們,用意想不到的引述挑起他們的興趣,用讓人印象深刻的數據讓他們大喊一聲「哇」。
- 社群媒體迫使我們挑剔不手軟。無論你的想法或文筆有多出色,推特、IG和臉書都會把這些內容放進一張卡片大小的固定版面裡。

❶ 了解你的受眾。

- 推特喜歡事實、數據、熱門引述以及突發新聞,而且愈緊急愈好。

- IG正在改變。過去,IG上充斥著篩選後的漂亮照片,現在卻有愈來愈多人從IG獲取新聞與資訊。吸睛的影像配上簡短有力的文字是贏家方程式。由於IG通常不讓你連結外部貼文,你被迫得要精簡你的資訊。

- 如果說推特強調動態、IG標榜酷炫,那麼臉書就是追求熱度。想法或消息說得巧妙就會得到注意,如果無趣,就會淹沒在一波波新動態裡消失無蹤。

❷ 注意圖像。

用畫面清爽、簡單、吸睛的圖像吸引讀者。推特、臉書、IG都是視覺平台,雖然推特比較不強調視覺,不過沒有美術元素的文字到哪裡都是輸家。

❸ 使出你的聰明簡潔寫作功力和表情符號絕技。

從簡單有力的文字到生動的表情符號,如果運用得當,在大部分社群情境下每個技巧都管用。

以下是三種平台的一些範例。

好例子

示範什麼叫「一目瞭然」。

> **Kendall Baker** ✔
> @kendallbaker   ⋯
>
> ### 體育運動：
>
> - 🏀 NBA：白人比例18%
> - 🏈 NFL：白人比例27%
> - 🥎 MLB：白人比例59%
> - ⚽ MLS：白人比例38%
> - 🏀 WNBA：白人比例17%
>
> ### 媒體：
>
> - ✏️ 體育編輯：白人比例85%
> - ✏️ 體育記者：白人比例82%
> - ✏️ 體育專欄作家：白人比例80%
>
> ### 資料來源：體育運動多元性與倫理研究中心
>
> 6:28 PM · Jul 6, 2020 · Twitter Web App

壞例子

> **Twitter User** ✔
> @twitteruser   ⋯
>
> 根據體育運動多元性與倫理研究中心（Institute for Diversity and Ethics in Sport）的資料，NBA的白人比例是18%，NFL是27%，MLB是59%，MLS是38%，而WNBA是17%。在媒體界：體育編輯、記者和專欄作家的白人比例分別是85%、82%和80%。
>
> 9:19 PM - Sep 19, 2022 - Twitter Web App

 Instagram

壞例子

它在說什麼？字好小 —— 又好多。

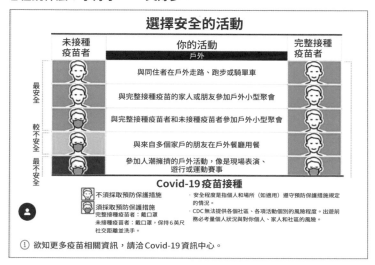

選擇安全的活動

未接種疫苗者	你的活動 戶外	完整接種疫苗者
最安全	與同住者在戶外走路、跑步或騎單車	
	與完整接種疫苗的家人或朋友參加戶外小型聚會	
較不安全	與完整接種疫苗者和未接種疫苗者參加戶外小型聚會	
	與來自多個家戶的朋友在戶外餐廳用餐	
最不安全	參加人潮擁擠的戶外活動，像是現場表演、遊行或運動賽事	

Covid-19 疫苗接種

 不須採取預防保護措施

須採取預防保護措施
完整接種疫苗者：戴口罩
未接種疫苗者：戴口罩，保持 6 尺社交距離並洗手。

- 安全程度是指個人和場所（如適用）遵守預防保護措施規定的情況。
- CDC 無法提供各個社區、各項活動個別的風險程度。出遊前務必考量個人狀況與對你個人、家人和社區的風險。

① 欲知更多疫苗相關資訊，請洽 Covid-19 資訊中心。

標題不清楚，訊息混淆！

COVID 心態

疫苗的好處

接種疫苗可以做、否則必須避免的 5 件事：

- 在餐廳或酒吧室內用餐。
- 參加室內健身課程。
- 參加人潮擁擠的戶外活動（運動賽事或音樂會）。
- 看電影。
- 在合唱團唱歌。

Covid 期間保護自己的安全
如果沒有接種疫苗，你必須避免的 5 項活動：

- 參加人潮擁擠的戶外活動（運動賽事或音樂會）。
- 去電影院。
- 在室內合唱團唱歌。

- 在餐廳或酒吧室內用餐。
- 參加室內健身課程。

如果沒有接種疫苗，你應該避免的 5 項活動：

- 與來自多個家戶的人外出用餐。
- 去理髮廳／美容院。
- 去室內的購物中心或博物館。
- 搭乘公共交通工具。
- 與來自多個家戶的人參加室內聚會。

好例子

如何完全不用任何文字講述一件複雜的事。

> # 美國是八個
> # 沒有帶薪產假的
> # 國家之一
>
> 那八個國家有些因為面積太小,無法在這張地圖上顯示。有帶薪產假的國家,平均產假週數為29週。
>
> ■ 0 weeks ■ 4 weeks or less ■ 4 to 12 weeks
> ■ 12 to 24 weeks ■ 24 weeks or more
>
> Source: World Policy Analysis Center, University of California, Los Angeles

我瞄一眼就知道它要告訴我什麼。

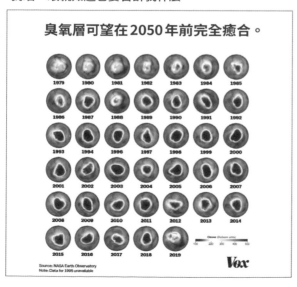

> # 臭氧層可望在 2050 年前完全癒合。
>
> Source: NASA Earth Observatory
> Note: Data for 1995 unavailable
>
> *Vox*

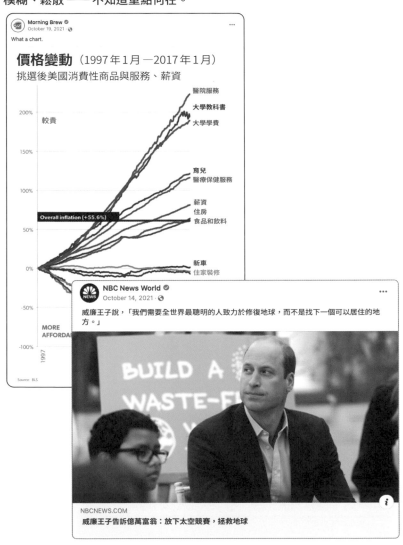

壞例子
模糊、鬆散 —— 不知道重點何在。

好例子

真實資訊，還有臉書幫推。

這則推文不到五個小時就有超過30萬個讚和3萬次轉發。

馬斯克發出「喜劇合法化」推文之後引發騷動

馬斯克在週三稍早時，神祕地發出「喜劇合法化」這句話，引發軒然大波。

一看就懂這個複雜卻引人入勝的報導。

20年來，阿富汗戰爭每天花掉美國3億美元。

20

聰明簡潔的
視覺設計

聰明指數

| 973 字 | 2 ½ 分鐘 |

但願本書各章開始之前那些簡單、吸睛的美術設計能讓你明白，聰明簡潔的溝通方式如何應用於創意作品。

為什麼重要：在Axios，我們的抱負是做到我們所說的「優雅的效率」。在我們為網站、電子報和行銷資料做美術設計時，我們執著一件事：什麼是最清爽、最明快、最賞心悅目的呈現方式？

- 我們公司的視覺大師莎拉・葛里羅（Sarah Grillo）解釋道，就像你的寫作一樣，你的設計也應該把建立層次和讀者至上奉為圭臬。

　　層次是美術和設計的基本觀念，也就是運用比例、顏色和對比，賦予視覺元素不同的重要性，以引導讀者視線。類似聰明簡潔溝通法用於寫作時的層次建構。

- 例如，看一下本書各章開頭：簡短的開場白介紹一個觀念，然後用「為什麼重要」做為輔助。
- 編排得當的層次通常不著痕跡，編排不良的層次會引起不必要的注意。

　　把讀者放在第一位，所有視覺設計都必須從讀者會如何解讀來思考。請自問：

- 初次見到它的人，能理解它的概念嗎？
- 所有元素都清楚易懂嗎？
- 版面編排能否適切地表達你的內容？

　　讀者在理解一個有力畫面所傳達的概念時，甚至可能不需要標題和故事。

重點整理：要用視覺圖像做到聰明簡潔的溝通，請遵照以下原則：

- 從強而有力的概念開始。
- 裁掉多餘的元素。
- 一定要從觀看者的角度來評判作品。

　　以下這個例子取自 Axios 的報導，標題是〈德州共和黨人承認遭遇困難〉，內容是關於六名德州共和黨國會議員退

休。畫面的概念是一隻大象揮舞著一面德州小旗子,藉此暗示舉旗投降。

這個畫面很有效果,但是那面旗子因為大象而被弱化。從層次建構的角度來看,你第一眼看到的是大象的頭,後來才想到旗子的意象。此外,相較於大象,旗子也顯得微小,對有些讀者來說可能不是那麼容易看清楚。

為什麼有效:去掉一大部分的大象,取局部放大,感受就完全改觀。現在,元素之間達成平衡,層次感也更強。大象的身體是多餘的部分,大片的留白也比第一張更成功地平衡畫面。

你在我們手機版網頁和電子報報導的設計中(我們稱之為一個「螢幕」)也可以看到類似效果。我們講究每個畫素,投入數個月創造最賞心悅目的頁面,而不是你習以為常的那種爆滿、讓人眼花撩亂的畫面。

莎拉的要領與訣竅

❶ 用你挑選的視覺圖像和文字緊抓住觀眾。

PowerPoint 或學校的專題也適用。

❷ 要直接，無論是美術、設計或文字都是。

❸ 建立層次，引導你的目標受眾。

確保最重要的視覺線索能抓住讀者目光。

❹ 鋪陳脈絡。

色彩、深度和視覺排列都可以運用。

❺ 尊重讀者，抽象、雜亂、混淆都是讀者大敵。

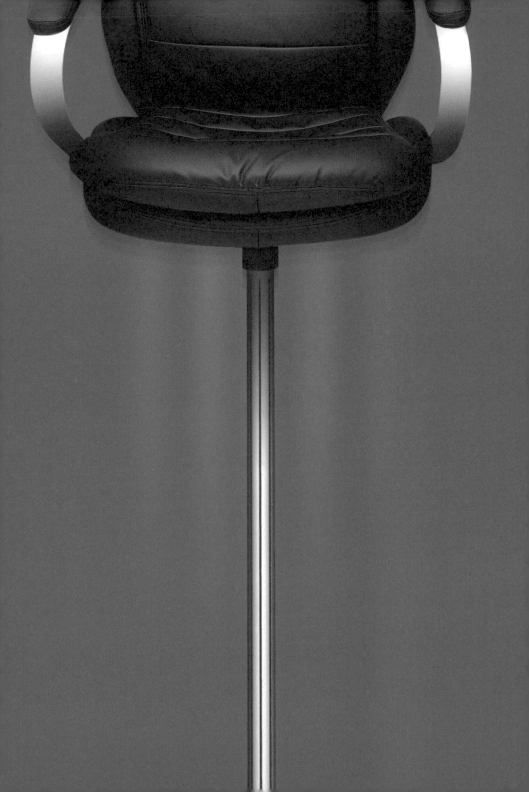

21

企業經營的
聰明簡潔之道

聰明指數

| 3238
字 | 8
分鐘 |

我們如果不實踐我們宣揚的觀念，這就是本愚蠢、浪費時間的書。我們用聰明簡潔溝通法經營我們整家公司。

為什麼重要： 它是我們管理和文化的核心，也是我們這個共融、快樂、超讚的工作場所得獎的主要原因。

了解更多： Axios是一家新創事業，目前有500多名員工，有著活潑、企圖心旺盛、極度透明的企業文化。每個員工都持有Axios的股份，而且我們會回答**任何**問題，除了兩件事：他人的薪資和離職原因。基於尊重個人隱私，這兩件事我們守口如瓶。

- **有趣的事實：** 我們容許每個員工匿名問任何事情（沒錯，絕對什麼都可以問），而且無論問題有多麼直接或無禮，我們都會在週會時逐字念出來，然後回答。是的，場面可能會很尷尬。

當溝通直接而透明，就會發生一件神奇的事：因困惑或被蒙在鼓裡所產生的員工八卦和搬弄是非都會停止。

我們告訴其他公司或週遭生活中的領導者和朋友，他們應該要找溝通專家當左右手，而不是找操盤高手或金錢奇才。公眾、員工、股東、投資人和朋友都想要知道你在做什麼，以及你為什麼要做這些事。

- 溝通失敗會讓整個組織陷入癱瘓或混亂。

擴大視野：現在人人都是溝通者。人類從來不曾透過口語、推特或簡訊製造這麼多語言文字，而且想要讓這些訊息被聽到也變得空前困難。因此，你最好自己成為溝通大師，或找到一個擅長溝通的人。

- 就像其他人一樣，我們的員工想知道我們的主張，以及我們為什麼要做這些事。但大部分主管都不太會回答這些問題。
- 遠距以及混合型工作，使迅速、清楚溝通變得更加迫切、重要。在威斯康辛州奧許科許（Oshkosh）的銷售人員，如果沒有這種溝通能力，要如何與遠在紐約市的主管們維繫關係並保持士氣？
- 國際專案管理學會（Project Management Institute）發現，30％的專案失誤都來自彆腳的溝通。事情通常在我們語焉不詳的地方搞砸。
- 根據愛德曼的調查，大部分人離職時都提到疏離感以及參與的熱情消退。

AXIOS 內部電子報

營收團隊的 *Lights On*……Axios Local 有 *Cranes*……我們的網路流量大師執筆 *Click Clack*……我們的成長主管發布 *The Funnel*……我們的銷售戰士則是 *The TopLine*。

· 這些只是 Axios 主管用 Axios HQ 定期發布給老闆、團隊與全公司同事的其中一部分電子報。

為什麼重要：這些電子報為贏家提供一個論壇可以分享最佳實務，也能鼓勵各事業單位良性競爭，並拆除各單位之間的壁壘，讓每個人都能看到別人在做什麼。

弦外之音：對於共同創辦人來說，這些最新消息是一種早期警示系統，讓我們能在任何人的活動可能偏離公司目標時，發現一些端倪。只要一個週日晚上，我們就可以確定每個人都在正軌上，並留意需要我們注意、鼓勵或褒揚的人事。

· 我們最喜歡的部分是：當我們與主管一對一開會時，我們已經掌握最新狀況。因此我們可以用這段時間詳細討論創新、見解、瓶頸和干擾。

放大鏡：這些最新動態最受歡迎的內容包括閱讀率最高的電子報主旨、新產品先睹為快和營收階段達標狀況。

· 在最後的「趣事一件」，大家會放進正在讀或聽的東西、狗狗的照片、團隊成員的馬拉松紀錄等。在這個「隨處工作」時代，這是一個新機會，讓你了解你可能永遠不會親自見面的同事。

重點整理：溝通危機不限於企業或高階領導者。雜訊和干擾愈多，想要讓人聽到並記住資訊，精準和效率就愈重要。

- 看看政治圈，權力的來源不再是地位、年資或金錢，誰能夠精通或操縱有線電視新聞與推特那種現代、短促而密集的溝通方式，誰就能掌握權力。
- 教師、牧師、小組領導人等所有從事一對多溝通的人都面臨類似的挑戰，就是如何滲透那些被急速跳動的科技帶得團團轉的大腦。

　　這是我們歷經慘痛教訓才學到的另一課。我們早期在Politico時，對溝通和文化嗤之以鼻，我們認為只要每個人都盡忠職守，就會天下太平。

　　我們大錯特錯。我們的流動率居高不下，全國性雜誌《新共和》（The New Republic）寫道，我們公司是「工作的刑房」。我們必須改變，而改變的第一步就是提高透明度以及與員工定期對話。

- 我們在Axios用我們與讀者溝通的方式做內部溝通，藉此扳回一城。一開始是一週一封信，全部都按照聰明簡潔溝通法寫作，我們叫它《五件大事》（*5 Big Things*），信中依照重要性順序詳細說明我們在想或在做的事。這封信直率、有趣而重要。

每個星期天，吉姆在我們幕僚長、也是我們企業靈魂人物凱拉・布朗（Kayla Brown）的大力協助下撰寫這封信。當她說我們全部的溝通都應該採用這種方法時，她已經每週五發布一次最新消息。《五件大事》於焉誕生。

羅伊的天才構想是讓每個主管為自己的團隊做同樣的事，並與主管同儕們分享。現在，每位主管每週都知道每件大事，按重要性排列。我們開會時取消近況更新這個標準議程，沒有人會說：「我不知道我們在做那個！」我們直接進入正題，然後安排後續事項。

- 隨時掌握最新消息。吉姆週日坐下來寫內部電子報時，已經掌握公司裡正在進行的所有重要事項。我們開玩笑說，他可以坐在他緬因州的漁船上經營公司。其實，凱拉就經常在她童年時期位於德州克爾維爾（Kerrville）的家裡工作。

但最大的受惠者是員工。我們都討厭自己在狀況外、沒有方向感、對目標茫然。現在，我們的公司領導者用聰明簡潔的溝通方式發電子郵件給我們（就像BP員工在莫瑞爾將此方法引進BP之後所做的一樣），並開始發布自己的電子報，讓大家跟著他們的理想動起來。

流程表

從事政治與企業傳播工作長達20年的麥特・伯恩斯（Matt Burns）說，我們這個時代最深奧的謎題之一就是：人們的消費習慣與時俱進，但是溝通習慣卻沒有改變。伯恩斯是 GRAIL 的傳播主管；這是一家矽谷生技公司，專注於癌症的早期偵測，現在隸屬於波士頓的史賽佛醫藥（Scipher Medicine）旗下。他說，此刻最大的挑戰是如何得到並維持人們的關注。

· 他出手解決組織內部最大的時間殺手之一：非例行電子郵件。

伯恩斯在聯合健康保險（UnitedHealth Group）工作時使用 Axios HQ。當他後來到 GRAIL、史賽佛時，立刻把 Axios HQ 納入策略核心。他需要在新產品推出時，迅速統整那些雜亂無章、步調快速的新創事業。

· 伯恩斯發現效率無比重要（特別是與公司的年輕科學家接洽時）：「他們打開電子郵件，迅速看一眼。」
· 「對於他們的工作來說，每一分鐘都很重要，」伯恩斯告訴我們。「他們沒有空去搜尋資訊來與公司更宏大的重要事務和文化保持連結，他們需要資訊在傳遞上簡潔有力，而且可以預測。」

為了減少 GRAIL 的隨機電子郵件，伯恩斯開始發布每週電子報，名叫《流程表》（*The Rundown*）。

· 這封電子報會準時在 750 多名員工的收件匣裡出現，「就像以前的午報或早報一樣，」伯恩斯表示。
· 愉快的起頭：「GRAILers，週五到了！」🐹 電子報每期大約1400字（閱讀時間5分鐘）。

現在伯恩斯的同事拜託他把他們的事項納入電子報裡。

· GRAIL 有無數的內部電子郵件，但真正開信的收件人往往不到三分之一。較可靠、有效率的電子報開信率大約是90%。伯恩斯在史賽佛創設一份類似的電子報，幾個月後，開信率已超過75%。

吉姆的要領與訣竅
執行長與領導者專用

❶ 使命很重要。

設法將你的電子報事項拉回組織的靈魂和目標上,「為什麼重要」就是最佳方式。

- 這件事再怎麼做都不會過頭:只有在你一講再講、講到厭煩時,你才會開始對你的使命有所領悟。

❷ 講故事。

如果有人讀完你過去一年寫的全部電子報,他們應該能夠清楚講述你在做什麼、想什麼、達成什麼。每則消息或電子報都應該發揮同樣的作用。

- 人很容易覺得無聊,他們想要真實的故事,解釋他們為什麼要如此努力工作,還要花功夫讀你的文字。
- 我們給新員工一份過去幾個月的《五件大事》電子報,讓他們可以立刻進入狀況。

❸ 切忌虛假。

下筆要坦率和真誠。大家都不是笨蛋,任何一點官腔官調或企業空話,他們都嗅得出來。快停止這樣做。

④ 不要半途而廢。

每週至少與員工交流一次。克制那股取消電子報的衝動。如果你不想要其他人鬆懈，自己先以身作則。

⑤ 要謙卑。

如果你是執行長、領導者或經理人，你應該是成功人士，應該也是個聰明人。不過，也沒有真的那麼聰明。表達感謝、承認錯誤、幽自己一默，這麼做也能讓身邊的人放下身段，不再表現得像個妄自尊大的公司豬頭。

⑥ 鼓勵模仿。

當身邊的人開始以同樣的風格和類似的節奏溝通，魔法就會真正啟動。當我們發現聰明簡潔的溝通方式成為改變Axios內部以及外部受眾的關鍵時，我們也看到團隊之間的協調統合程度突然提升。在全公司上下、還有全國各地，每個人都樂於講述自己的故事，而且知道其他同事在做什麼。

溝通
多元共融

聰明指數

1992 字	5 分鐘

沒有做到多元共融的溝通，不是有效的溝通。

為什麼重要：我們談的是你的溝通要讓每個人都易於理解、讓他們覺得切身相關，而且要能取得他們信任，不論他們的性別、種族、膚色、宗教、性別認同、年齡、身體狀況、性取向為何。

- 聰明簡潔溝通法的原則有助於弭平背景和能力的差距。這種方法直接而樸實，設計上易懂也不會引起分歧。
- 謹慎執行的話，它是一種普世的溝通風格，能夠自然地清除許多來自作者的文化偏見和情結。
- 即使是有學習障礙（如閱讀障礙）的人，或是以英語為第二語言的人，聰明簡潔的溝通也能讓他們輕易理解最重要的事。我們生活在一個多元化的國家，身處於一個全球化的時代，這些原則比以往任何時候都更重要。

致勝之道：知道你有盲點、意識到它們的存在，並採取行動，確保你能讓多元意見的聲量放大。

- 一個好例子：Axios是由三個白佬創辦的公司。我們欠缺許多人生經驗，因此我們必須非常謹慎地尋求各種觀點。
- 在Axios，打從公司開張的第一天，無論是召募員工還

是遴選決策小組成員，我們把多元、平等和共融視為優先任務。

　　想想自己的盲點，它可能根植於我們在這裡提到的任何因素，或是地理位置、意識形態、出生地、所得……這張清單列都列不完。

- 接著，如果你的寫作事涉敏感或過於複雜的事物（其實不管寫任何主題都一樣），找個具備不同經驗或人生經歷與你不同的人看過。

　　以下是來自 Axios 新聞室的多元共融寫作最佳實務：

- **人物描寫務求具體**。詢問對方的身分認同，如美國亞裔、美國華裔等。提到美國原住民時，盡可能指明部落。不要忘記確認對方偏好的性別代名詞。
- **刪除**可能會隱約強化個人或群體刻板印象的**敘述語**。查閱像是「風格意識指南」（Conscious Style Guide，https://consciousstyleguide.com）等參考資源，以了解應該避免的用語。
- **深入挖掘**更多可以選擇的照片，避免掉進套路，像是用亞洲外賣餐廳的圖片做為 #StopAsianHate（停止仇恨亞裔）的配圖。

以下這個訣竅是黃金法則：

- **身分代換**，如替換成另一個族裔、另一個國籍，看看文句的語言或意念是否仍然不帶批判性。

還有一個領域，聰明簡潔的溝通方式也能成為你的益友：省略無關緊要的資訊，通常就能避免踩到地雷。美國亞裔記者協會（Asian American Journalists Association）告訴我們：

- 「**人種／族裔／宗教／國籍相關嗎？**⋯⋯在不相關或是不解釋其相關性的狀況下使用這些敘述語，會使有害的刻板印象持續存在。」

鮮明、清晰的寫作能有效防止冒犯的言語。我們認為全國身障殘疾與新聞中心（National Center on Disability and Journalism）的指引正是寫作的優良原則：

- 「只有在與故事相關時才**提及殘疾**，如果可能，與可信來源確認診斷，如醫學專家或是其他持有證照的專業人士。」
- 「**可以的話**，詢問消息來源他們希望如何被描述。如果消息來源不可得或無法溝通，那就詢問可信任的家屬、支持者、醫療專業人士或是代表殘疾人士的相關組織。」

了解更多：美國黑人記者協會（National Association of Black Journalists）的風格指引按照字母順序編排內容，有助於理解特定詞彙。

- 光是瀏覽條目就能提醒我們，同樣的字詞或語彙聽在不同人耳裡可能產生多大的歧義。

結論：如果你冒犯我或混淆我，我就不聽你說。不只是這封電子報或是這場簡報不聽你說，而是永遠不再聽你說。

- 一個好例子：美國學習障礙中心（National Center for Learning Disabilities）指出，每五個孩子當中就有一個遭遇學習障礙。如果這個現象延續到成人時期，這相當於有6500萬個美國人。所以在你的受眾裡，他們可能占了20％。

羅伊的要領與訣竅

➊ 用淺白、清楚的語言寫作：

這能讓人們更理解你想要分享的訊息。重點在於確保用字明確而清楚，任何人都看得懂。這條原則不但能幫助有學習障礙的人，也能幫助以英語為第二語言的讀者。

➋ 運用條列重點：

商業人士喜歡條列重點，而羅伊從在商學院開始就運用這種格式清楚溝通。條列重點能強迫你找出最重要的要點，並拆解它們。人們經常在一則條列裡混雜好幾個重點，因此失去受眾。

➌ 保持簡單，而且簡短：

複雜製造混淆，抽象造成疏離，冗長失去受眾。運用簡短、直接的句子，丟掉精明的行話或花稍的句子，你就能讓眾人對某個重要觀念或最新動態有共同的理解，藉此讓眾人團結起來。

羅伊回憶，當他進入大學和踏入職場時，「我開始明白自己和別人很不一樣。閱讀障礙造成我生活的極大痛苦，但是也賜給我一個禮物。我必須解決問題、更努力並建立系統才能成長。」

結論：我們創造聰明簡潔溝通法的初衷，並不是為了造福有學習或語言障礙的人，也不是為了提倡多元共融。但是，我們看著它付諸實踐，看到它在這三方面全都有貢獻。

羅伊的故事

在英格蘭艾賽克斯（Essex）伊爾福（Ilford）的小鎮上，老師們認為羅伊是個問題兒童。他們讓他覺得自己又笨又難教。他的拼字通常一塌糊塗。他的成績一落千丈。

· 他在伊爾福郡男子中學的七年級英文課是一記沉重打擊。30年後，他在對有學習障礙的孩子演說時還會回憶這個打擊。有一次，他的報告發回來時又是個不怎麼光彩的分數，滿滿都是紅線和紅字評語。

· 「文章短，寫得也不怎麼好，」老師字跡潦草地寫道。「你沒有字典嗎？」

他不是笨。羅伊有讀寫障礙。（沒錯，如果你是羅伊的老師，而你讀到這篇文章，應該覺得自己是個混蛋。）

重點總整理

聰明指數

1332	3 ½
字	分鐘

以下是聰明簡潔溝通法的簡易速成指引，可以做為你實踐時的參考。

指導原則

權威：

你是資訊的可靠來源，只有專家能理解問題、評估哪些是新事物或重要事項，並以準確、有趣的方式萃取資訊。

成為專家，或找個專家。

簡潔：

你因為尊重忙碌讀者的時間而與眾不同，而且你只給讀者保持生產力所需的內容，沒有讓他們感覺飢渴或不滿足。

保持簡短，但絕非淺薄。

為什麼重要：把這一章想成是你的入門課。多試幾次，觀察你的大腦如何迅速適應，憑直覺就能聰明簡潔的溝通。

人性：

溝通時，你可以表現人類的種種情感，也可以展現精緻的內涵和細膩的層次，不過，請給自己一個挑戰，用熟悉和對話的方式呈現你的訊息。

怎麼說話，就怎麼寫作

清晰：

為了簡潔，你應該撙節用字，這樣最後呈現給讀者的內容才會平易近人、簡單而明瞭，可以在合理的時間內掃讀完畢。

影響力藏在文字風格裡。

定義你的受眾。

- 具體說出你想要他們知道什麼

請填空（限時60秒）

以這項練習來說，**誰**是最聰明的讀者？

你熟悉、他們也需要知道的最新消息或其他主題是**什麼**？

它**為什麼**重要？快速記下一些細節，我們之後會再用到。

結構化：巧妙而簡潔

- 想像一下你想要成品長什麼樣。多數情況下，美術設計並非必要。

標題：

是不是…

- 不超過6個字？
- 清楚而具體？
- 對話式，而且文字有力？

最新消息：

是不是…

- 只有一個句子？
- 你想要讀者記住的事物？
- 標題中的一個明顯細節？

請填空（限時30秒）

寫下你的標題和第一個句子，切記那些訣竅和技巧。

範例：

修改前	修改後
2021年在家辦公計畫最新消息	📮 **遠距工作選擇增加**
我們持續密切關注新冠肺炎的影響，而我們今天來信是要報告我們一直到2021年底各項計畫的最新消息。	一直到2021年底，在家上班不再是強制規定，每個人都可以選擇要不要在家上班。

解釋重要性並交代脈絡

- 寫下「為什麼重要」，用粗體字，後面加個冒號。
- 想一下你的目標受眾。
- 用一個句子解釋你和他們分享這件事的原因，愈直白、愈簡潔愈好。

構思獨特的點題

・想一下你的產業、個性、品牌、聲音和語調。

腦力激盪一下，為以下這些點題想一個更好的版本，讓它們能與你的受眾產生共鳴。

聰明簡潔的溝通	你的版本
下一步：	
結論：	
關鍵數據說：	
擴大視野：	

用你的點題介紹其他重要資訊。

・任何資料堆或相關要點，都拆解成條列重點。

檢視你的作品。

・這個時候，你應該已經寫出相當有條理的文章、腳本或是其他溝通內容。它有一個優先讀者作為核心設定，開頭的結構能吸引你的受眾，主文的風格能增加掃讀的效率，並引導讀者往下閱讀。

　我們最後做的幾個檢查，你可能會覺得很熟悉：

・**正確**：確認編輯過程中沒有遺漏必要的細節或**重要**的細膩處。如果有，把它們放回去。
・**連貫**：務必通篇保持流暢。有時候為了簡潔，會刪去轉折語等元素，但是最後檢查時，如果你覺得內容不連貫，還是可以把比較重要的元素再放回來。

- **人性**：最重要的是確保內容即使經過修改，仍然保留你的聲音和個性。頭幾次運用聰明簡潔的溝通技巧時，如果你覺得內容生硬或過度刪節，那就是太過頭。花點時間為你的文字重新注入一點生氣。

- 你的話語會聽起來清楚、有效率、真實，而且會再次被聽見。一對多的溝通應該要更簡短、明快而且更真誠。

為什麼重要：我們有把握你會發現我們看到的東西。這些訣竅和技巧能幫助你贏得注意力爭奪戰，為你的聲音再次找到聽眾。

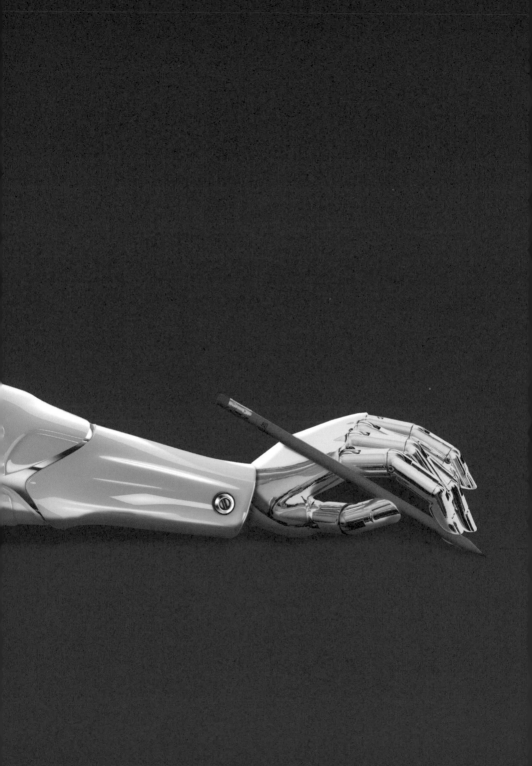

24

試駕上路

聰明指數

| 707
字 | 1½
分鐘 |

如果你已經一路讀到這裡，你已經遙遙領先你的朋友和競爭者：你知道如果你不重新思考、調整你的溝通方式，你會成為輸家，或是消失。

為什麼重要：這是你檢測聰明簡潔溝通技巧的機會，看看你學到多少，以及你的技能還有哪些精進的空間。

- 到SmartBrevity.com上傳你寫的東西，你可以立刻得到評分，還有一些有幫助的回饋意見。你可以多試幾次，看看你的分數是否隨著時間提高。

> 請把你的英語寫作上傳到SmartBrevity.com，看看它的得分！

　如果你想要在你的組織、公司、學校、非營利機構、團隊或部門實行聰明簡潔溝通法，請造訪SmartBrevity.com。我們有影片、案例研討和資訊可以幫助你在組織上下實行聰明簡潔溝通法，協助你提升溝通效能。

擴大視野：有數百家企業、非營利組織和政府機關在採用Axios HQ後，看到他們發送給內部團隊和外部受眾的最新動態通知得到更多回饋，成效立竿見影。你可以把這視為進階版的聰明簡潔溝通法。

1. **模板**：Axios HQ有數十個模板，可用於向銷售團隊、投資人或董事會提供每週電子報。

2. **聰明評分**：我們的AI會為你的寫作打分數，讓你可以在按下傳送鍵之前優化你的寫作，並看到你的進步。

3. **聰明簡潔溝通指引**：系統會隨著你的打字出現提示，建議更好的用字、更扎實的結構、完美的標題。機器人會標示出太長的標題和過於冗長的段落。

4. **協作**：我們的軟體可以讓你邀請幾個人一起編寫這些最新動態通知的內容，甚至可以把部分工作指派出去，讓所有人都可以迅速而輕鬆地完成任務。

5. **分析**：你可以知道誰在何時打開你的電子報。它會用真實數據告訴你什麼內容能真正吸引讀者。

6. **活生生的歷史**：這些最新動態通知累積出一個垂手可得的知識寶庫，讓團隊新成員可以趕上，融入群體當中。

最後一句話：我們希望所有這些工具和訣竅能讓你穿透噪音，以全新的自信與人溝通，並再次找到聽眾。

聰明簡潔的溝通是我們三個以無名小卒的身分創辦 Axios 時所懷抱的願景。五個年頭過去，經過 Axios 現今 150 多位記者的努力，以及打造我們軟體服務 Axios HQ 龐大團隊的壓力測試和改良，我們透過 Axios HQ 把聰明簡潔溝通的超能力帶進企業和組織。

為什麼重要：聰明簡潔溝通法能培養你的能力。如果你遵照本書的準則，在開始打字前先重視如何琢磨你的想法，你的溝通會有權威感和影響力。

我們要向 Axios 的第 1 號員工、現在的幕僚長凱拉・布朗（Kayla Brown）深深致意。沒有她就沒有這本書。她總是能成功地把我們的祕訣恰如其分地放進本書。

特別感謝：
　　Autumn VandeHei，吉姆的另一半，她是真正的文字大師。
　　Kelly Schwartz，羅伊的另一半，她是聰明簡潔溝通的骨幹。
　　Rafe Sagalyn，華盛頓特區最炙手可熱的版權代理人之一，他最先看到用聰明簡潔溝通法寫作本書的可能性。
　　Workman 團隊，謝謝這家傳奇的出版社從第一次 Zoom 會議就相信這個寫作計畫可行，然後從全公司徵召強大的專業人士，幫助我們堅持到底，完成本書。
　　謝謝我們全體的 Axios 大家庭。沒有你們每天創造的魔法，就不可能有這本書。
　　特別感謝以下這些人，他們盡心盡力賦予本書生命：Aïda Amer、Sara Fischer、Qian Gao、Justin Green、Sarah Grillo、Sara Goo、Tristyn Hassani、Emily Inverso、Nicholas Johnston、Danielle Jones、David Nather、Neal Rothschild、Alison Snyder 與 Jordan Zaslav。
　　還有我們為寫作本書而訪談或是仰賴他們研究支援的 Axios 之友：Eddie Berenbaum、Matt Burns、Jon Clifton and the Gallup team、Jamie Dimon、India Dunn、Megan Green、Anna Greenberg and Jason Ashley、Elizabeth Lewis、Alice Lloyd、Geoff Morrell、Lisa Ross、Mark Smith 與 Ronald Yaros。

國家圖書館出版品預行編目 (CIP) 資料

聰明簡潔的溝通：200 字寫重點，26 秒贏得注意力/吉姆‧
范德海（Jim VandeHei）；麥克‧艾倫（Mike Allen）；
羅伊‧史瓦茲（Roy Schwartz）著；周宜芳譯；-- 第一
版；-- 臺北市：遠見天下文化出版股份有限公司；2023.05
228面；14.8X21公分：—（財經企管；BCB800）

譯自：Smart brevity：the power of saying more with less

ISBN 978-626-355-218-0（平裝）

1.CST：商務傳播 2.CST：溝通技巧

494.2   112006815

財經企管 BCB800

聰明簡潔的溝通：200 字寫重點，26 秒贏得注意力
Smart Brevity: The Power of Saying More with Less

作者 —— 吉姆・范德海 Jim VandeHei、麥克・艾倫 Mike Allen、羅伊・史瓦茲 Roy Schwartz.
譯者 —— 周宜芳

總編輯 —— 吳佩穎
財經館副總監 —— 蘇鵬元
責任編輯 —— 黃雅蘭（特約）
封面設計 —— 張議文
內頁設計 —— Lisa Hollander

出版者 —— 遠見天下文化出版股份有限公司
創辦人 —— 高希均、王力行
遠見・天下文化 事業群榮譽董事長 —— 高希均
遠見・天下文化 事業群董事長 —— 王力行
天下文化社長 —— 王力行
天下文化總經理 —— 鄧瑋羚
國際事務開發部兼版權中心總監 —— 潘欣
法律顧問 —— 理律法律事務所陳長文律師
著作權顧問 —— 魏啟翔律師
社址 —— 臺北市 104 松江路 93 巷 1 號
讀者服務專線 —— 02-2662-0012 ｜傳真 —— 02-2662-0007；02-2662-0009
電子郵件信箱 —— cwpc@cwgv.com.tw
直接郵撥帳號 —— 1326703-6 號　遠見天下文化出版股份有限公司

電腦排版 —— YOYO CHEN
製版廠 —— 東豪印刷事業有限公司
印刷廠 —— 富星彩色印刷設計股份有限公司
裝訂廠 —— 聿成裝訂股份有限公司
登記證 —— 局版台業字第 2517 號
總經銷 —— 大和書報圖書股份有限公司｜電話 —— 02-8990-2588
出版日期 —— 2023 年 5 月 31 日第一版第 1 次印行
　　　　　2024 年 5 月 7 日第一版第 3 次印行

定價 —— 450 元
ISBN —— 978-626-355-218-0 ｜ EISBN —— 9786263552272（EPUB）；9786263552265（PDF）
書號 —— BCB800
天下文化官網 —— bookzone.cwgv.com.tw